Fachberichte Simulation

Herausgegeben von D. Möller und B. Schmidt
Band 14

Bernhard Hornung

Simulation paralleler Roboterprozesse

Ein System zur rechnergestützten Programmierung komplexer Roboterstationen

Springer-Verlag
Berlin Heidelberg New York London
Paris Tokyo Hong Kong Barcelona 1990

Herausgeber der Reihe

Dr. D. Möller
Physiologisches Institut
Universität Mainz
Saarstraße 21
6500 Mainz

Prof. Dr. B. Schmidt
Informatik IV
Universität Erlangen-Nürnberg
Martensstraße 3
8520 Erlangen

Autor

Dr. rer. nat. Bernhard Hornung
Karl-Berner-Straße 10
7800 Freiburg

D 90 (Diss. Universität Karlsruhe)
SP³R: Ein System zur graphischen Programmierung und Simulation paralleler
Prozeßabläufe in komplexen Roboterfertigungszellen.

ISBN 978-3-540-53046-6   ISBN 978-3-642-51149-3 (eBook)

DOI 10.1007/978-3-642-51149-3

CIP-Titelaufnahme der Deutschen Bibliothek
Hornung, Bernhard:
Simulation paralleler Roboterprozesse / Bernhard Hornung. –
Berlin ; Heidelberg ; NewYork ; London ; Paris ; Tokyo ; Hong Kong ; Barcelona : Springer, 1990
  (Fachberichte Simulation ; Bd. 14)
  Zugl.: Karlsruhe, Univ., Diss.

NE: GT

Vorwort

Der Einsatz von Industrierobotern in der automatisierten Produktion ist in zunehmendem Maße durch den Aufbau sehr komplexer Montage- und Fertigungsstationen gekennzeichnet. Oft arbeiten in fortschrittlichen Roboterzellen mehrere Manipulatoren zusammen mit autonomen Fahrzeugen sensorgestützt und koordiniert an einzelnen Fertigungsprozessen. Die Programmierung der Roboterstation gestaltet sich in diesem Fall schwierig, da parallel ablaufende Handlungssequenzen mit vielen Interaktionspunkten entwickelt und getestet werden müssen.

In diesem Buch wird ein Programmiersystem "SP^{3}R" beschrieben, das eine effiziente Programmierung und eine detaillierte parallele Simulation von Roboterprozessen ermöglicht. SP^{3}R bedeutet $\underline{S}$imulation und $\underline{P}$rogrammierung $\underline{p}$aralleler $\underline{P}$rozeßabläufe in komplexen $\underline{R}$oboterfertigungszellen. Das System ist als Komponente in das graphische Robotersimulationssystem ROSI integriert, das zur offline-Modellierung und Programmierung von Roboterzellen eingesetzt wird.

Kernpunkt des Systems SP^{3}R ist eine Ablaufsteuerung mit Hilfe einer sogenannten Zeitschnur, an der sich die Roboterprozesse orientieren. Durch die Zeitschnur wird eine parallele Simulation der Roboterprozesse auf Interpolationsebene erreicht. Funktionen zur Synchronisation und Koordination beschreiben das zeitliche Zusammenspiel der Komponenten in der Zelle. Der Graphikmodul des Simulationssystems steuert die Animation der Abläufe auf einem 3D-Realzeit-Graphiksystem.

Das vorgestellte Roboterprogrammiersystem wurde in den Jahren 1988-1990 am Institut für Prozeßrechentechnik und Robotik, Universität Karlsruhe, entwickelt und implementiert. An dieser Stelle möchte ich meinem Arbeitskollegen Martin Huck, der das System ROSI und damit die Softwareumgebung von SP^{3}R maßgeblich entwickelt hat, Dank sagen, ebenso den Damen und Herren Andrea Rapp, Harald Roth, Klaus Bohnert, Matthias Göttler, Gerhard Schatz und Gerd Klein, die durch ihre Arbeiten Beiträge zur Implementierung von SP^{3}R geliefert haben.

Karlsruhe, im Juli 1990   Bernhard Hornung

Inhaltsverzeichnis

1 Thematische Einordnung und Zielsetzung des Systems SP^{3}R

Im ersten Kapitel soll zunächst die Fragestellung geklärt werden, welchem Themenkomplex dieses Buch zuzuordnen ist und welcher neue Ansatz darin verfolgt wird.

Nach einer Einführung in die Thematik "Einsatz von Robotern" mit den Stichworten "Roboterprogrammierung" und "Robotersimulation" werden die grundlegenden Konzepte und Programmierverfahren der Robotik kurz vorgestellt. Dabei wird besonders auf die für dieses Buch zentralen Begriffe der parallelen Ausführung und zeitlichen Koordinierung mehrerer (Roboter-) Prozesse eingegangen.

Nach einer Herausarbeitung der Grenzen und Problematiken der eingesetzten Verfahren zur Roboterprogrammierung werden die neuen Ideen in SP^{3}R erläutert. Das zugrundeliegende Modell, die Programmiersteuerung sowie die Möglichkeiten zur Synchronisation und Koordination von Komponenten werden in einer Übersicht mit ihren charakteristischen Merkmalen vorgestellt. Es folgen ein Vergleich und eine Abgrenzung zu bekannten Verfahren und Systemen zur Programmierung und Simulation von Roboterstationen und Fertigungsanlagen.

Zum Schluß des Kapitels wird die Entstehungsgeschichte von SP^{3}R kurz umrissen.

1.1 Einleitung

SP^{3}R ist ein Programmiersystem, das als Bestandteil des Robotersimulationssystems ROSI zur Programmierung robotergestützter Fertigungsanwendungen eingesetzt werden kann. Zunächst soll der zentrale Begriff "Roboter" etwas näher untersucht werden.

1.1.1 Einsatz von Robotern

In vielen Bereichen der Produktion und Fertigung werden Industrieroboter für Aufgaben wie Schweißen, Lackieren, Handhaben eingesetzt. Bild 1.1 zeigt die Entwicklung des Robotereinsatzes weltweit, Bild 1.2 das Wachstum der Roboteranwendungen in der Bundesrepublik Deutschland.

Ein Industrieroboter ist ein universell einsetzbarer Bewegungsautomat mit mehreren Achsen (kinematische Kette), dessen Bewegungen frei programmierbar sind. Er kann mit Greifern, Werkzeugen oder anderen Fertigungsmitteln ausgerüstet werden und hierdurch Handhabungs- oder Fertigungsaufgaben durchführen. Über Sensoren können physikalische Gegebenheiten in der Roboterumwelt erfaßt werden; die Auswertung der Sensorsignale kann in Form einer Modifikation oder einer Parametrisierung in den Programmablauf einfließen /Paul 81/, /Tam 81/.

Charakteristisch für einen speziellen Robotertyp ist die Anzahl und Anordnung seiner Freiheitsgrade, d.h. unabhängigen Bewegungsachsen. Eine Bewegungsachse kann durch ein translatorisches oder rotatorisches Gelenk realisiert sein. Durch die Abmessungen und die strukturelle Anordnung der Gelenkachsen ist maßgeblich der effektive Arbeitsraum des Roboters festgelegt.

Bild 1.3 zeigt eine Palettenentladestation mit einem vierachsigen Roboter vom Typ Bosch SR 800 mit Dreifingergreifer zur Handhabung rotationssymmetrischer Werkstücke.

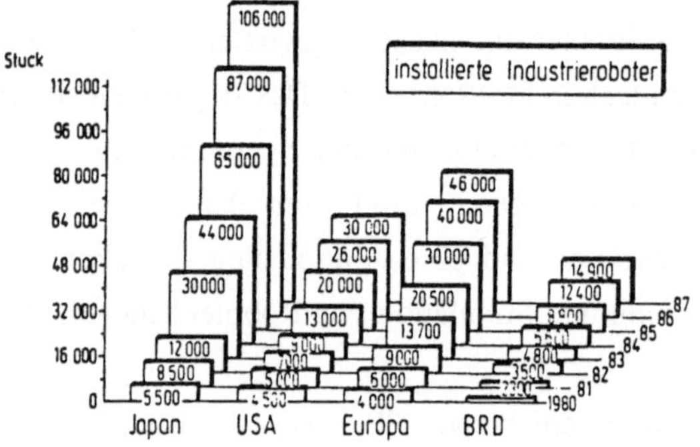

Bild 1.1:

Roboterpopulation in Japan, in den USA und in Europa im Vergleich zur Bundesrepublik Deutschland 1987/88 (Quelle: IPA)

Bild 1.2:

Wachstum der Roboteranwendung in der Bundesrepublik Deutschland 1987/88 (Quelle: IPA)

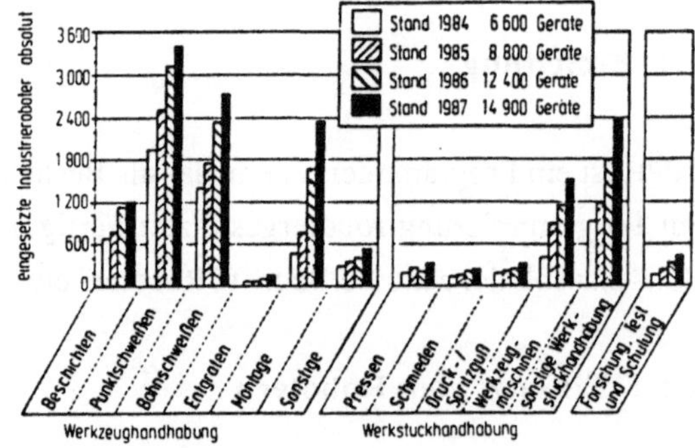

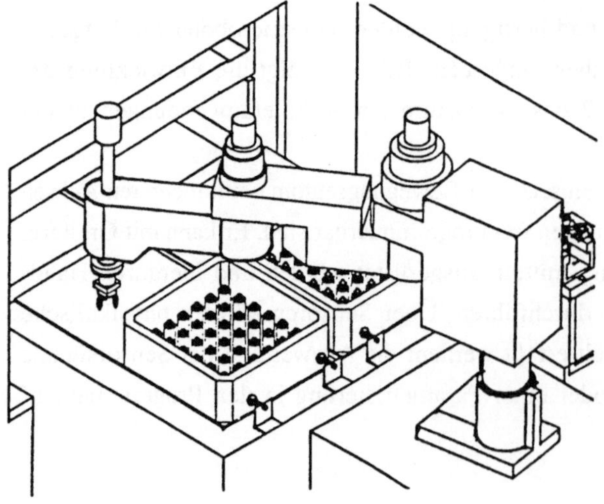

Bild 1.3:
Palettenentladestation mit Bosch SR 800 - Roboter

1.1.2 Robotersimulationssysteme und Offline-Programmierung

Die Programmierung von Robotern wird in der Regel noch vor Ort vorgenommen. Bei dieser Form der Programmierung wird die reale Arbeitsumgebung mit Robotern, Zuführeinrichtungen und Handhabungsobjekten aufgebaut und das Programm direkt in der Roboterzelle erstellt. Hierbei werden die Verfahren: Folgeprogrammierung / Teach In / Master-Slave-Prinzip eingesetzt. Siehe hierzu Kap. 1.2.1.

Nachteilig ist bei der Programmierung der Roboter vor Ort, daß die reale Produktionsumgebung aufgebaut werden muß. Damit ist ein großer Aufwand verbunden; außerdem steht die Produktionsanlage in der Zeit des Umrüstens still, was aus wirtschaftlichen Gründen oft nicht zu vertreten ist. Da in der Programmier- und Testphase Fehler auftreten können, ist die Programmierung am realen System auch mit Gefahren für Personal, Maschinen und Handhabungsobjekte verbunden. Bei nicht oder nur schwer zugänglicher Einsatzumgebung wie z.B. im Kraftwerk oder bei Unterwasserarbeiten ist ohnehin eine andere Form der Programmerstellung erforderlich.

Diese Gründe führen dazu, Programme möglichst außerhalb der realen Roboterarbeitszelle zu entwickeln, was als Offline-Programmierung bezeichnet wird. Hierzu ist ein Modell der Arbeitszelle Voraussetzung, das neben der Struktur der Produktionsanlage, d.h. der Anordnung der Arbeitsmittel, die Komponenten der Zelle selbst in ihren geometrischen, kinematischen und technologischen Eigenschaften sowie ihre Funktionalität beschreibt. Das Modell stellt die Basis zur Planung und Programmierung der Roboteranwendungen dar. Nach dem Layoutentwurf der Roboterstation, der auch als Umweltmodellierung bezeichnet wird, werden die Handhabungsprogramme offline erstellt und getestet. Die fertiggestellten Roboterprogramme können anschließend zeit- und kostensparend in Form von Steuercode auf die reale Produktionsanlage geladen werden.

Graphische Robotersimulationssysteme stellen ein interaktives Werkzeug dar, das diese Form der modellbasierten Offline-Programmgenerierung gut unterstützt /Hor 86a/. Besonderes Merkmal dieser Systeme ist das integrierte Graphiksystem zur Visualisierung der Roboterzelle. Die graphische Komponente erlaubt die Darstellung der Arbeitszelle auf dem Graphikbildschirm sowie die Visualisierung der programmierten Aktionen und Bewegungen durch kontinuierliche Bildfolgen. Dem Anwender werden dadurch unmittelbar die Resultate der vorgegebenen Modellier- und Programmierkommandos graphisch präsentiert. Durch die interaktive Arbeitsweise mit Menüs, graphischen Symbolen und Eingabegeräten ist der Dialog mit dem System übersichtlich und benutzerfreundlich. Zur Nachbildung der Funktionalität der aktiven Komponenten der Roboterzelle werden Emulatoren eingesetzt, die das Verhalten der realen Komponenten durch Softwareroutinen im Modell simulieren. Hierzu zählen z.B. Bewegungscharakteristika von Robotergelenken,

Transportgeschwindigkeiten von Fließbändern, Greiffunktionen von Effektoren u.a.. Zur geometrischen Modellierung von Teilen werden CAD-Systeme eingesetzt, mit Hilfe derer 3D-Modelle aller volumenbehafteten Objekte erstellt werden. Simulationssysteme verfügen im allgemeinen über eine Datenbasis, in der sich Bibliotheken mit vordefinierten Zellkomponenten befinden, die bei der Layouterstellung der Roboterstationen eingesetzt werden können. Der "download" fertiger Roboterprogramme erfolgt mit Hilfe entsprechender Treiber, die aus der internen Programmdarstellung im Simulationssystem ausführbaren Code für reale Robotersteuerungen erzeugen.

Beispiele kommerziell verfügbarer Robotersimulationssysteme sind ROBCAD (Fa. Tecnomatix), CATIA-Robotics (Fa. IBM), PLACE (Fa. McDonnell Douglas), GRASP (Fa. BYG Systems Ltd.) u.a..

Nach dieser kurzen Einführung zur Thematik "Robotersimulationssysteme" und "Offline-Programmierung" soll nun näher auf bestehende Modelle und Programmierverfahren eingegangen werden.

1.2 Modelle und Programmierverfahren

Im folgenden werden die heute gängigen Programmierverfahren sowie deren zugrundeliegende Modelle beschrieben.

1.2.1 Programmierung in realer Produktionsumgebung

Die einfachste Art der Bewegungsprogrammierung eines Roboters ist durch die manuelle Programmierung gegeben, bei der durch Anschläge der Bewegungsbereich der Robotergelenke begrenzt wird. Der Arm führt nur Bewegungen von Endanschlag zu Endanschlag durch (bang-bang-robot). Diese Methode ist jedoch nur für einfache Einlegeoperationen geeignet.

Bei der Folgeprogrammierung (Teach In) wird der Roboterarm vom Programmierer entlang der gewünschten Bahn geführt /Blu 83/. Dabei werden einzelne Bahnpunkte gespeichert, die bei der späteren Programmausführung exakt angefahren werden. Die Bahn zwischen den Punkten wird vom System interpoliert. Das Verfahren des Roboters im Lernmodus geschieht mit Hilfe einer Teachbox. Die Teachbox gestattet es, den Roboter in verschiedenen Betriebsarten (*joint / world / tool*) kartesisch oder gelenkorientiert zu bewegen. Per Tastendruck können einzelne Bahnpunkte gespeichert werden. Bild 1.4 zeigt das Layout einer graphischen Teachbox, die für die Simulation der realen Teachbox eines Puma-Roboters mit VAL-Programmiersystem nachgebildet wurde /Alb 85/.

Eine andere Methode zur Roboterprogrammierung durch Einlernen ist das Master-Slave-Verfahren. Ein Robotermodell (Master), das mit dem Roboter (Slave) verbunden ist, wird vom Programmierer per Hand bewegt. Die Bewegungsstützpunkte werden automatisch aufgezeichnet. Diese Art der Programmierung kann eingesetzt werden, wenn ein physikalisches Modell eines zu fertigenden Objekts in einem verkleinerten Maßstab vorliegt und das Programm an diesem Modell einfacher und schneller erstellt werden kann (Beispiel: Lackieren einer Karosserie).

All diesen Verfahren gemein ist die Tatsache, daß real vorliegende Zellen, Roboter und Handhabungsgegenstände zum Zeitpunkt der Programmierung existieren müssen.

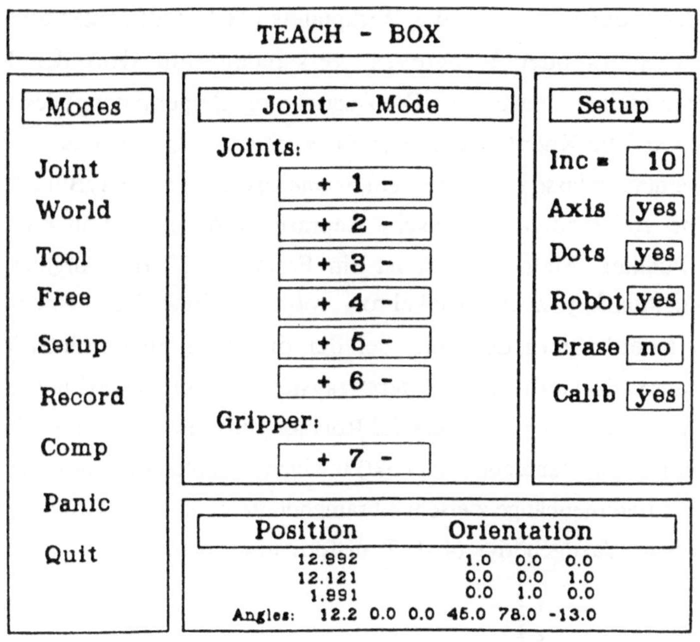

Bild 1.4: Layout einer graphischen Teachbox für einen Puma 260 - Roboter

1.2.2 Grundlagen und Konzepte modellbasierter Roboterprogrammiersprachen

Bei der modellbasierten Roboterprogrammierung erfolgt die Erstellung von Programmen ohne real vorliegende Roboter und Zellkomponenten; die Programmierung orientiert sich an einem rechnerinternen Modell der Roboterzelle. Den hierbei eingesetzten Programmiersprachen liegen gewisse Konzepte zugrunde, die im folgenden aufgeführt werden. Zunächst werden grundlegende Begriffe im Zusammenhang mit der Roboterprogrammierung erläutert.

1.2.2.1 Framekonzept - Koordinatentransformation - Bahnplanung - Steuerungsarten

Das Framekonzept

Fast allen Programmiersystemen liegt das *Frame*-Konzept als Ansatz zur geometrischen Beschreibung von Position und Orientierung des Roboters zugrunde. Unter der Position des Roboters wird der geometrische Ort des Wirkpunkts (TCP, tool center point), d.h. der Endpunkt des Greifers oder Werkzeugs, verstanden, mit dem der Roboter in Wechselwirkung mit seiner Umwelt tritt. Die Ausrichtung (Zeigerichtung) des Werkzeugs / Greifers in bezug auf die Koordinatenachsen (x, y, z) wird als Orientierung bezeichnet. Position und Orientierung lassen sich zu einem *Frame* zusammenfassen /Blu 83/. Ein Frame ist demnach eine vollständige kartesische Repräsentation eines von einem Roboter anzufahrenden Punktes. Mathematisch ist ein Frame durch die Angabe von sechs Zahlenwerten (Position x, y, z, Drehwinkel rot_x, rot_y, rot_z) bzw. durch eine (4x4)-Matrix (in homogenen Koordinaten) definiert, bei der die linke obere (3x3)-Matrix eine Orientierungsmatrix darstellt. Als Referenzsystem dieser Koordinaten dient ein Basiskoordinatensystem, das im Ursprung des Roboters (Standsockel) liegt. Ein Frame tritt z.B. als Parameter (der anzufahrende Zielpunkt) in einem Roboterbewegungsbefehl auf.
Bild 1.5 zeigt die Zusammenhänge zwischen Framenotation und TCP (Greiferschwerpunkt) des Roboters sowie die dazugehörige (4x4)-Transformationsmatrix.

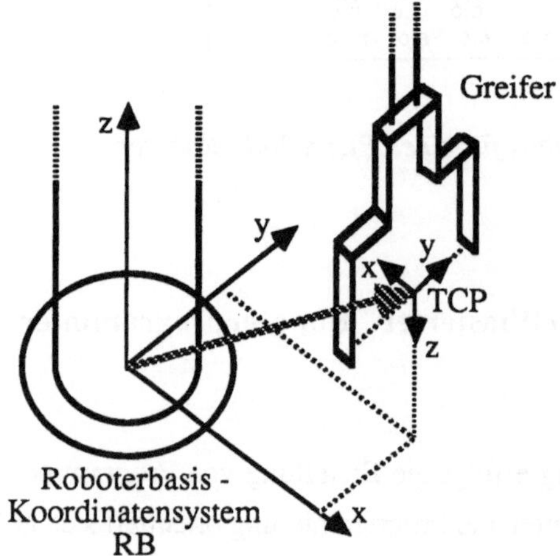

$$\text{Frame}^{\text{TCP}}_{\text{R.B.}} = \begin{pmatrix} -1 & 0 & 0 & 40 \\ 0 & 1 & 0 & 20 \\ 0 & 0 & -1 & 25 \\ 0 & 0 & 0 & 1 \end{pmatrix}$$

Bild 1.5: Framekonzept, TCP des Roboters und (4x4)-Transformationsmatrix

Koordinatentransformation

Durch das Framekonzept kann der Programmierer Positionen und Orientierungen in kartesischen Weltkoordinaten spezifizieren, was dem Vorstellungsvermögen des Menschen relativ gut entgegenkommt. Da der Roboter jedoch nur in Gelenkkoordinaten angesteuert werden kann, muß die Robotersteuerung zur Ermittlung der Gelenkwinkel eine *Koordinatentransformation* durchführen, die sogenannte inverse oder Rücktransformation. Umgekehrt kann es erforderlich sein, aus vorgegebenen Roboter-Gelenkstellungen (z.B. bei einem per Teach In gewonnenen Punkt) das resultierende kartesische Frame zu berechnen. Diese Aufgabe bewerkstelligt die sogenannte Vorwärtstransformation.

Beide Transformationen müssen zur Programmierung eines Roboters zur Verfügung stehen. Während die Vorwärtstransformation für verschiedene Robotertypen nach einem einheitlichen Schema durchgerechnet werden kann (Matrizenmultiplikation auf Basis des Denavit-Hartenberg-Beschreibungsverfahrens /Den 55/), bereitet die Rücktransformation einige Schwierigkeiten, da hierbei Konfigurationsmehrdeutigkeiten des Roboters aufgelöst werden müssen und der Rechenweg zur Ermittlung der Gelenkwinkel nicht ohne weiteres vereinheitlicht werden kann. In der Regel werden hier individuelle Lösungen verwendet, die auf den speziellen Robotertyp zugeschnitten sind und auf geometrischen Ansätzen basieren.

Bild 1.6 zeigt den sechsachsigen Stanford-Manipulator, das zugehörige kinematische Modell mit den Gelenkkoordinatensystemen und eine Tabelle mit den Denavit-Hartenberg-Parametern zur Beschreibung der Achsabstände und -drehlagen /Fro 87/.

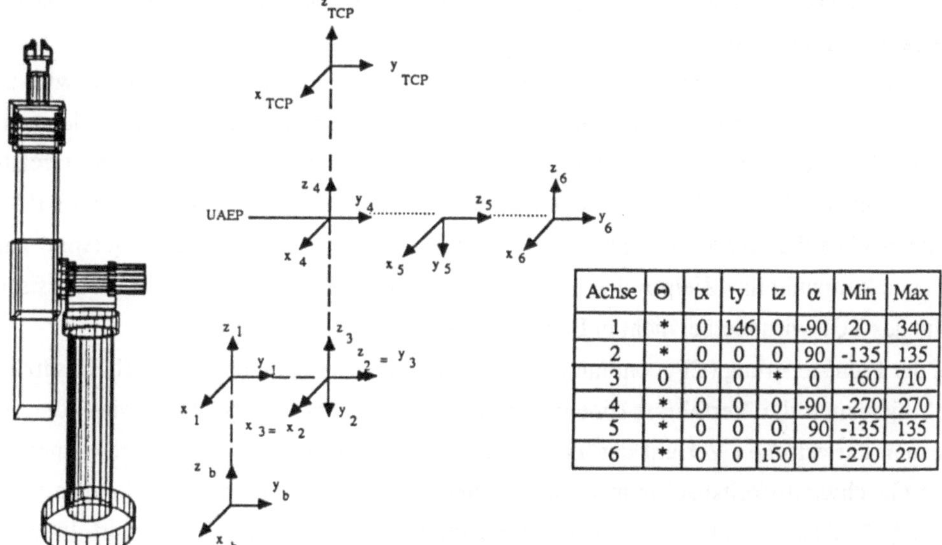

Achse	Θ	tx	ty	tz	α	Min	Max
1	*	0	146	0	-90	20	340
2	*	0	0	0	90	-135	135
3	0	0	0	*	0	160	710
4	*	0	0	0	-90	-270	270
5	*	0	0	0	90	-135	135
6	*	0	0	150	0	-270	270

Bild 1.6: Stanford-Manipulator mit kinematischem Modell

Bahnplanung und Steuerungsarten

Neben der Vorgabe einer kartesischen Zielposition für den TCP bzw. neuer Robotergelenk-stellungen ist es zur genauen Spezifikation einer Roboterbewegungsbahn erforderlich, die Verfahrart vom Anfangs- zum Zielpunkt anzugeben. Diese Verfahrart (auch Bahntyp genannt) legt den zeitlichen und räumlichen Verlauf der TCP-Bewegung zwischen Anfangs- und Zielposition fest. Die Berechnung der Zwischenpunkte geschieht durch Interpolation. In den meisten Robotersteuerungen liegen verschiedene Interpolationsarten wie Achseninter-polation (im Gelenkraum) bzw. lineare oder zirkulare Interpolation (im kartesischen Raum) vor.

Aufgabe der *Bahnplanung* ist es, entsprechend der Vorgabe eines Bewegungsbefehls mit seinen Parametern die nötigen parametrisierten Bahngleichungen zu erstellen, die zur Interpolation der Bewegung herangezogen werden können /Blu 81/. Hierunter fällt auch die Berechnung der Ausführungsdauer des Bewegungssegments. Die Interpolation selbst geschieht durch Einsetzen des Parameters t (Zeit) in die Bahnplanungsgleichungen. Bei kartesisch geplanten Bahnen muß noch in jedem Interpolationspunkt die Rücktransformation zur Berechnung der Gelenkstellungen aufgerufen werden.

Außer der Berechnung der Bahn ist auch ihre technische Durchführbarkeit zu überprüfen. Darunter fallen die Erreichbarkeit aller anzufahrenden Punkte sowie die Einhaltung von Gelenkbereichen und maximal zulässigen Geschwindigkeiten und Beschleunigungen der Achsen.

Als Steuerungsarten bieten die meisten Robotersteuerungen achsinterpolierte und kartesisch interpolierte Bahnen an.

Bei achsinterpolierten Bahnen liegt das Bewegungsziel im Gelenkraum vor bzw. wird aus einer kartesischen Vorgabe in den Gelenkraum transformiert; die Bahnplanungsgleichungen werden demzufolge auch im Gelenkraum erstellt. Das Gelenk, das den größten Weg (relativ zur verfügbaren Maximalgeschwindigkeit) zurückzulegen hat, gibt die Segmentzeit vor; die anderen Gelenke werden entsprechend verzögert verfahren, so daß alle Gelenke zum gleichen Zeitpunkt ihre Zielposition erreichen (Synchron-PTP). Die resultierende kartesische Bahn des TCP wird hierbei nicht in Betracht gezogen.

Bei der Bahnsteuerung (CP, continuous path) erfolgt die Zielvorgabe kartesisch. Zusätzlich muß hier auch die Verfahrart (linear, zirkular, Sinusbahn) angegeben werden, die den genauen kartesischen Verlauf der TCP-Bahn definiert. Neben der Verfahrart können oft auch Geschwindigkeitsbedingungen angegeben werden, die z.B. beim Farbauftrag eine wichtige Rolle spielen. Die Bahn wird zur Ausführungszeit kartesisch interpoliert. In jedem Interpolationspunkt muß die inverse Koordinatentransformation aufgerufen werden, die aus der kartesischen Vorgabe die Ansteuerwerte für die Robotergelenke berechnet. Die resultierenden Gelenkgeschwindigkeiten und -beschleunigungen, die nicht von vornherein in die Planung miteinbezogen werden können, müssen ständig überprüft werden; gegebenenfalls muß die kartesische Bahn abgeändert oder verlangsamt werden, wenn die zulässigen Maximalwerte der Gelenke überschritten werden. Das ist insbesondere in der Nähe von Singularitätsstellen der Fall; das sind TCP-Frames mit entsprechenden Gelenkstellungen, bei denen kleinste kartesische Positionsänderungen nur durch große Gelenkverfahrwege realisiert werden können /Göt 88/.

Achsinterpolierte PTP-Bahnen können aufgrund des geringeren Berechnungsaufwands und der optimalen Ausnutzung der Gelenkmaximalgeschwindigkeiten schneller ausgeführt werden. Reine Positionierbewegungen, bei denen der Bahnverlauf keine Rolle spielt, werden daher meist als PTP-Bahn programmiert. Als typische Anwendung wäre hier das Punktschweißen zu nennen.

Bewegungen mit Bahnsteuerung werden überall da programmiert, wo der genaue Verlauf der TCP-Bahn eine Rolle spielt. Beim Fügen oder Bahnschweißen ist das z.B. der Fall. Hier müssen ein erhöhter Berechnungsaufwand, geringere Verfahrgeschwindigkeiten sowie im Zweifelsfall Layout-Korrekturen wegen der Nichtausführbarkeit der Bahn in Kauf genommen werden.

Bild 1.7 zeigt die Zeitdiagramme eines Robotergelenks für Gelenkstellung, -geschwindigkeit und -beschleunigung einer PTP-Bahn sowie eine Bewegungsbahn des Stanfordmanipulators, die aus mehreren achs- und kartesisch interpolierten Segmenten zusammengesetzt ist /Fro 87/.

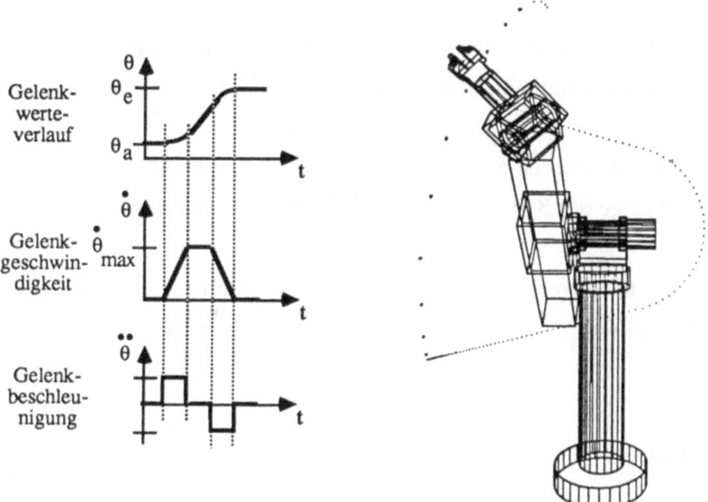

Bild 1.7: Zeitdiagramme bei PTP-Bahnen und Bewegungsbahn des Stanford-Manipulators

1.2.2.2 Umweltmodell - explizite / implizite Programmierung

Der Programmierung einer Roboterzelle liegt oftmals ein sogenanntes Umweltmodell zugrunde. Hierunter versteht man eine modellhafte Beschreibung der Roboterstation, in der die Zusammensetzung der Zelle sowie Anordnung und Attribute der an der Fertigungsaufgabe beteiligten Komponenten enthalten sind. Befehle und Parameter bei der Programmierung können sich auf Daten dieses Umweltmodells beziehen, was deutliche Vorteile im Hinblick auf Konsistenz und Erstellungsaufwand bei der Programmierung bringt.
Zu den Daten des Umweltmodells zählen die folgenden Gruppen /Hor 86b/:

- *Geometriedaten,* die Gestalt und Abmessungen der geometriebehafteten Komponenten widerspiegeln. Die Geometrie ist oft in dreidimensionaler Form gespeichert und wird zur Darstellung der Komponente bei der graphischen Simulation verwendet.

- *Kinematikdaten,* die den Aufbau und die Bewegungsmöglichkeiten funktionaler Komponenten wie Roboter oder peripherer Geräte definieren. Das Kinematikgerüst eines Roboters bildet die Grundlage für die Algorithmen der Koordinatentransformation und den funktionalen Aufbau der Graphikstruktur zur Visualisierung des Roboters.

- *Technologiedaten,* die Eigenschaften von Produktkomponenten und Arbeitsmitteln wiedergeben. Aus diesen Daten können z.B. Greifflächen, Bearbeitungsvorschriften o.ä. abgeleitet werden.

- *Funktionale Daten;* hierzu zählen Arbeitsraum, Positioniergenauigkeit, Traglast, Maximalgeschwindigkeiten von Robotern und Peripherie.

- *Layoutdaten,* die die aktuelle Struktur einer modellierten Roboterzelle widerspiegeln, d.h. die relative Lage der Komponenten und Werkstücke zueinander.

Abhängig von der Art der Programmierung (explizit oder implizit) ist ein unterschiedlicher Umfang an Objektattributen im Umweltmodell erforderlich, was im folgenden näher erläutert wird.

Explizite Programmierung

Bei der expliziten Programmierung muß der Programmierer die genaue Abfolge von Befehlen sowie alle erforderlichen Parameter wie Abstände, Anfahrpositionen, Greiferorientierungen selbst spezifizieren. Die Definition von Frames kann per Teach In erfolgen. Die expliziten Koordinatenangaben beziehen sich meist auf kartesische Koordinaten, z.B. das Basiskoordinatensystem im Fuß des Roboters.

Für das Umweltmodell bedeutet die explizite Programmierung, daß in ihm nur relativ wenig Information über die Werkstücke, die Bearbeitungsreihenfolge usw. enthalten sein muß. Andererseits muß der Programmierer genaue Kenntnisse über die Position der zu handhabenden Teile sowie die geometrischen Beziehungen der Objekte haben, um korrekte Bewegungsbahnen und Ablaufreihenfolgen programmieren zu können.

Die folgende Anweisung stellt eine explizite Bewegungsanweisung in der Sprache AL dar /Blu 83/:

MOVE ARM1 TO FRAME (ROT (YHAT, 90*DEG), VECTOR (95, 20, 40) *CM)

Implizite Programmierung

Die Grundidee der impliziten Programmierung ist eine für den Benutzer einfach zu handhabende und stark aufgabenorientierte Sprache zur Beschreibung der vom Roboter auszuführenden Aufgaben. Bei der impliziten Programmierung wird der Programmierer weitgehend von der Angabe numerischer Parameter entlastet; diese sind als Attribute und Relationen im Umweltmodell zur Roboterzelle abgelegt. Die Programmieranweisungen orientieren sich an der funktional durchzuführenden Teilaufgabe. Ein Beispiel aus der Sprache ROBEX soll dies verdeutlichen /Blu 83/:

MOVE / Box, unten, AGAINST, Aufbau, top, EVENT, 2, ELSE, Meldg

Eine Box soll mit der Seite "unten" auf den Aufbau gelegt werden. Falls dabei ein Ereignis gemeldet wird, wird die Marke "Meldg" angesprungen.

Das Beispiel zeigt die Mächtigkeit und den Komfort bei der impliziten Programmierung. Das Laufzeitsystem, das in diesem Fall gewissermaßen auch Planungsaufgaben durchführen muß, löst die Aufgabenbeschreibung selbsttätig in eine detaillierte, dem expliziten Sprachniveau äquivalente Anweisungsfolge auf. Natürlich müssen vorher die benötigten Daten in das Umweltmodell eingegeben worden sein, z.B. in Form zusätzlicher funktionaler Daten bei der geometrischen Modellierung des Teils "Box".

Ein Beispiel für ein Programmiersystem, das das Konzept der impliziten Programmierung verfolgt, ist das AUTOPASS-System der Firma IBM /Lie 77/.

1.2.2.3 Interpretative Kommandosprachen / Compilersprachen

Je nach Struktur der Roboterprogrammiersprache können die Programmierbefehle direkt interpretiert und ausgeführt werden, oder es ist ein Compilerlauf zur Übersetzung des in der Quellsprache geschriebenen Programms in eine interpretierbare Zielsprache notwendig.

Bei einfachen Kommandosprachen wird eine Sequenz fortlaufender Kommandos generiert, die jeweils einer elementaren Operation eines Roboters entsprechen; das Programm kann Befehl für Befehl interpretiert und direkt ausgeführt werden. Diese Ausführungsart kommt der interaktiven Arbeitsweise (Erstellung eines Programmbefehls mit sofortiger Ausführung und Test) sehr entgegen, da nach der Eingabe eines Kommandos unmittelbar dessen Wirkung analysiert und gegebenenfalls Korrekturen durchgeführt werden können. Aufgrund der Schwierigkeiten bei der Erstellung ablauffähiger Roboterprogramme stellt dieser Umstand einen großen Vorteil dar. Bei der graphischen Simulation kann der neue Zellzustand sofort nach der Spezifikation des Kommandos visualisiert und vom Programmierer begutachtet werden. Nachteilig ist hier, daß keine oder nur unzulängliche Mittel zur Programmstrukturierung zur Verfügung stehen (keine Unterprogrammtechnik, keine Schleifen), was bei der Erstellung komplexerer Fertigungsprogramme ins Gewicht fallen dürfte.

Compilersprachen zur Roboterprogrammierung, die wie z.B. die Sprache PASRO /Blu 85/ aus einer Erweiterung einer existierenden allgemeinen Programmiersprache (PASCAL) um Konstrukte zur Steuerung eines Roboters entstanden sind, bieten natürlich die bekannten Vorteile einer höheren algorithmischen Standardsprache wie Blockstrukturierung, variable Datentypen, Prozeduren und Funktionen und auch den Bekanntheitsgrad durch die allgemeine Verbreitung. Nachteilig ist hier jedoch die Tatsache, daß größere Programmstücke ohne unmittelbaren Test erstellt werden müssen; ein Faktum, das nicht bei der Standardprogrammierung, wohl aber bei der diffizilen Bewegungsprogrammierung für Roboter ungünstig ist. In jedem Fall ist es wünschenswert, daß das Roboterprogrammiersystem über eine interaktive Komponente verfügt, mit Hilfe derer per Teach In gewonnene Bewegungsframes in den Programmlauf eingebaut werden können, weil dadurch wenigstens die statische Erreichbarkeit eines Frames durch den Roboter gewährleistet ist.

1.2.2.4 Zeitliche Koordinierung von Prozessen:
[Parallelität - Synchronisation - Kommunikation]

In diesem Unterkapitel soll auf die bestehenden Möglichkeiten zur zeitlichen Koordinierung von Prozessen in Roboterprogrammiersystemen eingegangen werden. Diese Thematik spielt eine zentrale Rolle im System SP^3R.

Ein Roboter arbeitet bei seinem Einsatz meist mit anderen Robotern oder Maschinen zusammen. Dabei entsteht zwangsläufig das Problem, parallele Handlungsabläufe zu beschreiben, die sich zu bestimmten Zeitpunkten aufeinander synchronisieren müssen. Es besteht hier eine gewisse Analogie zur quasiparallelen Ausführung von Rechenprozessen (tasks) in Betriebssystemen, wo ebenfalls zum einen voneinander unabhängige Berechnungen anfallen, zum anderen aber Möglichkeiten zur Kommunikation und Synchronisation bestehen müssen. Entsprechend findet man in Roboterprogrammiersprachen Konzepte zur zeitlichen Koordinierung mehrerer Aktoren vor, die aus Multitasking-Betriebssystemen bekannt sind /Frei 87/.

Parallele Blöcke und Synchronisationsanweisungen (Ereignisüberwachung)

Im folgenden Beispiel aus der Sprache AL werden zwei parallel auszuführende Aktionsblöcke definiert:

```
BEGIN
    EVENT uebergabe, gegriffen, losgelassen;
    FRAME kasten, uebergabepos, greifpos, ziel;
    :
    :
    COBEGIN
        BEGIN  "arm1"                          BEGIN  "arm2"
            MOVE arm1 TO kasten;                   OPEN hand2 TO 6*cm;
            CENTER arm1;                           MOVE arm2 TO greifpos
            AFFIX kasten TO arm1;                  WAIT uebergabe;
            MOVE kasten TO uebergabepos            CENTER arm2;
               WITH APPROACH = -6*cm;             AFFIX kasten TO arm2;
            SIGNAL uebergabe;                      SIGNAL gegriffen;
            WAIT gegriffen;                        WAIT losgelassen;
            OPEN hand1 TO 6*cm;                    MOVE arm2 TO ziel
            UNFIX kasten FROM arm1;                   WITH DEPARTURE = -6*cm;
            SIGNAL losgelassen;                END  "arm2";
        END  "arm1";
    COEND;
    :
    :
END;
```

In AL lassen sich parallele Blöcke mit Hilfe der Schlüsselwörter COBEGIN - COEND beschreiben /Muj 79/. Die innerhalb eines Programmabschnitts "COBEGIN ....COEND" stehenden Anweisungsblöcke werden parallel ausgeführt. Zur Synchronisation dienen Synchronisationsanweisungen WAIT und SIGNAL, die den Wert einer Semaphorvariablen um 1 erniedrigen oder erhöhen. Mit Hilfe der Semaphore werden die einzelnen Prozesse gesperrt bzw. wieder freigegeben. WAIT(S) erniedrigt den Wert der Semaphorvariablen S; ist das Ergebnis < 0, wird der das WAIT-Kommando ausführende Prozeß in einen Wartezustand versetzt. Durch SIGNAL(S) wird der Semaphorwert erhöht und gegebenenfalls ein blockierter Prozeß zum Weiterrechnen freigegeben.

Das obige Beispiel illustriert selbsterklärend den Umgang mit Semaphorvariablen. Ein Roboter soll einen Kasten greifen, an eine Übergabeposition bewegen und an einen anderen Roboter übergeben. Für das Problem der Übergabe sind drei Semaphore definiert, die zum Informationsaustausch zwischen den beiden Robotern verwendet werden.

Bewegungsanweisungen mit Sensor- oder Zeitüberwachung

Bewegungen des Roboters lassen sich in einigen Sprachen zur Roboterprogrammierung von einem Sensor überwachen. Sobald ein Sensor einen gewissen Schwellwert überschritten hat, erfolgt eine Programmverzweigung oder die Bewegung wird gestoppt. Hierdurch ist eine Art Kommunikation zwischen Sensor und Roboter definiert; der Sensor beeinflußt den Programmablauf des Roboters.

Die Sensorabfrage ist direkt in den Bewegungsbefehl integriert, wie die folgende Anweisung in der Sprache AL demonstriert:

MOVE Arm1 TO zielframe ON FORCE (ZHAT) >= 100*GM DO STOP &;

Arm1 wird zum Zielframe bewegt, bis in z-Richtung eine Kraft >= 100 gm auftritt.

In AL existieren auch Bewegungsanweisungen mit einer Zeitüberwachung, falls eine bestimmte Bewegungsdauer nicht überschritten werden darf. Diese Befehle können u.a. dazu ausgenutzt werden, zeitlich versetzt zu einer Aktion eine andere zu starten, was der folgende Befehl zeigt:

MOVE Arm1 TO zielframe ON DURATION >= 3*sec DO
BEGIN MOVE Arm2 TO zentrum WITH DURATION = 2*sec;
PRINT ("Beginn des Prozesses") END;

Drei Sekunden nach Beginn der Bewegung von Arm1 wird der zweite Arm in zwei Sekunden zum Frame "Zentrum" bewegt und ein Text ausgegeben.

Analog zu den sensor- und zeitüberwachten Bewegungsanweisungen für den Roboter existieren auch Aktionsbefehle für den Effektor des Roboters, die z.B. das ereignisüberwachte Greifen eines Werkstücks gestatten.
Soweit der Kurzüberblick über die Programmkonstrukte bestehender Roboterprogrammiersprachen zur Definition von Parallelität und Synchronisation.

1.3 Beschränkungen und Problematiken der eingesetzten Programmierverfahren

Im Hinblick auf komplexe Roboterfertigungszellen weisen die im vorigen Kapitel vorgestellten gängigen Modelle und Programmierverfahren einige Unzulänglichkeiten auf.
So beschränkt sich die Programmierung auf die in der Roboterzelle eingesetzten Roboter. Andere aktive Komponenten wie periphere Geräte oder Fahrzeuge können in ihrer Funktionalität in der Regel nicht in den Programmablauf miteinbezogen werden; allenfalls werden sie als statische Objekte mit ihrer Geometrie zur Visualisierung oder für einen Kollisionstest in Betracht gezogen.
Sensoren werden bei Roboterbefehlen unter Signalkontrolle berücksichtigt. Allerdings wird durch die Integration der "Sensorbefehle" in die Roboterprogrammiersprache eine feste Zuordnung eines Sensors zu einem Roboter gemacht; eine dynamische Zuordnung im Programmablauf, d.h. das Ansprechen verschiedener Komponenten, ist nicht möglich. Eine Entkopplung des Sensors vom Roboter ist bei einer Lichtschranke erforderlich, auf die zwei Roboter abwechselnd reagieren sollen.
Das zugrundeliegende Umweltmodell für die Roboterprogrammierung ist meist "flach", d.h. es können keine topologischen Hierarchien bei den aktiven Komponenten gebildet werden, die zu einer Überlagerung von Bewegungen führen. Lediglich bei Werkstücken oder statischen Objekten kann durch einen "AFFIX"-Befehl ein Anhängen an eine Komponente der Zelle realisiert werden. Ein Roboter, der auf einem Fahrzeug montiert ist und dadurch seine Zellreferenzposition im Programmablauf ständig ändert, kann nicht beschrieben werden.
Sofern parallele Abläufe beschreibbar sind, geschieht das meist auf Blockebene, d.h. es werden einzelne Tasks miteinander koordiniert. Eine parallele Ausführung auf Interpolationsebene, bei der zu jedem Zeitpunkt des Simulationszeitrasters alle Komponenten quasi gleichzeitig bedient werden, ist damit nicht durchführbar. Da z.B. beim Greifen eines Werkstücks vom Fließband die einzelnen Komponentenaktionen nicht unabhängig voneinander

gesehen werden können, ist die Taskkoordination ein zu grobes Verfahren zur Steuerung paralleler Abläufe in Roboterfertigungszellen.

Wichtig für ein effizientes Arbeiten mit einem Roboter-Offline-Programmiersystem ist auch eine schnelle Umschaltmöglichkeit zwischen Programmdefinition und -ausführung (Simulation). Bei Compilersprachen ist dies normalerweise nicht gegeben; es müssen größere Programmstücke auf einmal erstellt werden, die anschließend als eine Einheit ablaufen. Bei komplizierten Vorgängen in Roboterzellen mit mehreren Aktoren wäre es jedoch wünschenswert, in einer Art "Step-Mode" einzelne Kommandos definieren und unmittelbar danach ausführen lassen zu können. Gegebenenfalls sollten sogar ein oder mehrere Kommandos widerrufbar sein, um schnell Korrekturen in den Programmablauf einbringen zu können. Ein solches Zurücksetzen des Programmzeigers ist jedoch in aller Regel nicht vorgesehen.

Die Synchronisation von Komponenten wird mit Semaphorvariablen vorgenommen. Hiermit läßt sich eine gewünschte zeitliche Reihenfolge bestimmter Aktionen erreichen. Eine koordinierte Mehrarmmanipulation, die z.B. bei der Handhabung besonders schwerer oder länglicher Werkstücke erforderlich sein kann, ist mit diesem Mechanismus jedoch nicht beschreibbar, da hier die ganze Bewegung (nicht nur der Startzeitpunkt) einheitlich für die beteiligten Roboter geplant werden muß.

Die aufgeführten Probleme und Restriktionen der eingesetzten Roboterprogrammierverfahren waren der Ausgangspunkt bei der Konzeption des Systems SP^3R, das in dieser Hinsicht neue Ansätze bzw. Verbesserungen enthalten sollte.

1.4 Der Ansatz in SP^{3}R

In diesem Kapitel sollen nun die neuen Ideen vorgestellt werden, die zur Konzeption des Systems SP^{3}R geführt haben. Eine vollständige Beschreibung der Struktur von SP^{3}R findet sich in Kapitel 2; hier wird lediglich eine Motivation der wesentlichen Merkmale vorgenommen, die das System charakterisieren. Als Schlagworte sind hier

- *die Klassifikation der funktionalen Komponenten,*
- *das baumstrukturartige Modell einer Roboterzelle,*
- *die zentrale Systemsteuerung mit der gleichzeitigen Bedienung der Komponenten,*
- *die globale Zeitschnur als Zeitreferenz zur parallelen Interpolation der Aktionen,*
- *die Aktionssynchronisation und -koordination,*
- *die effiziente Programmentwicklung durch die Rücksetzfunktion für den Programmzeiger*

zu nennen.

1.4.1 Modellbildung

Zwei wichtige Gegebenheiten in komplexen Roboterfertigungszellen bestimmten den Entwurf des Modells, das der Programmierung mit SP^{3}R zugrundeliegt:
Zum einen die Tatsache, daß verschiedene Typen aktiver Komponenten an der robotergestützten Fertigung beteiligt sind, zum anderen die topologische Anordnung dieser Komponenten in der Zelle.

1.4.1.1 Klassifikation der funktionalen Komponenten

Neben Robotern sind an einem Fertigungsprozeß oft auch andere aktive Komponenten beteiligt, vornehmlich an der Peripherie einer Fertigungszelle, wo Werkstücke in die Roboterstation eingebracht bzw. wieder aus ihr entfernt werden. Zu diesen Komponenten zählen z.B. Förderbänder und Drehtische, die durch elementare kontinuierliche oder diskrete Bewegungen Fertigungsobjekte bereitstellen. Andere periphere Geräte wie Fahrzeuge, die nicht ortsgebunden sind, können verschiedene Stationen in der Roboterzelle anfahren und sich, sofern sie autonom und nicht an irgendwelche Führungssysteme gebunden sind, frei in der Zelle bewegen. Unter die Kategorie "aktive Komponenten" fallen auch Sensoren, die zwar keine Bewegungen ausführen, aber durch ihre Meßfunktionen den Programmablauf in der Zelle beeinflussen und damit eine bestimmte Funktionalität aufweisen. Nicht betrachtet werden sollen hier NC-Maschinen zur Bearbeitung von Werkstücken, da dieses komplexe Gebiet Untersuchungsgegenstand eigens dafür konzipierter Softwaresysteme ist (z.B. Anwendungspaket zu einem CAD-System).

Ein Simulationssystem für Roboteranwendungen muß entsprechende Modellstrukturen aufweisen, um diese aktiven Komponenten repräsentieren zu können. Da nicht für jede individuelle Komponente ein eigenes, neues Modell erstellt werden kann, müssen universelle Strukturen definiert werden, die für verschiedene Komponenten des gleichen Funktionstyps verwendet werden können. Das bedeutet, daß es eine Modellstruktur "Roboter" gibt, die für beliebige Roboter eingesetzt wird; analog dazu eine Modellstruktur "Sensor", mit der unterschiedliche Sensoren erfaßt werden können usw..

Es wird also eine Klassifikation der Zellkomponenten durchgeführt mit dem Ziel, Funktionalität und Struktur der Komponenten in einem universell handhabbaren Modell zu beschreiben. Die Klassifikation umfaßt in SP^3R die Gruppen "Roboter mit Effektor", "Fahrzeug", "Sensor" und "Hilfskinematik" und ist in Kap. 2.2 näher beschrieben. Der Vorteil einer solchen Klassifikation liegt darin, für eine neue Komponente eines dieser Funktionstypen ein vordefiniertes Modellgerüst zur Verfügung zu haben, das eine schnelle Erstellung des konkreten Modells durch eine reine Parametrisierung erlaubt.

Zur Programmierung der Komponente werden klassenspezifische Funktionssätze bereitgestellt, die für alle Komponenten einer Klasse verfügbar sind. Die Funktionen sind dem Anwender über eine Kommandosprache zugänglich. Folglich werden alle Roboter mit Hilfe einer einzigen Kommandosprache programmiert, was im Hinblick auf Übersichtlichkeit und Lernaufwand Vorteile bringt. Die Gruppe der klassenspezifischen Kommandos spiegelt den Funktionsumfang wider, der mit der Komponentenklasse in Verbindung gebracht werden kann, und die Summe aller Kommandogruppen die Funktionalität der Programmierschnittstelle des Simulationssystems.

1.4.1.2   Baumstrukturartiges Modell der Roboterzelle

Der nächste Gesichtspunkt ist die Anordnung der Komponenten in der Roboterfertigungszelle. Oftmals steht z.B. ein Roboter auf einem fahrbaren Schlitten, also einer anderen aktiven Komponente, um den Arbeitsbereich horizontal zu vergrößern. Bei autonomen, mobilen Robotersystemen sind auf einem Fahrzeug Roboterarme aufgebracht, so daß an jeder (erreichbaren) Stelle in der Roboterzelle Manipulationen durchgeführt werden können. Sensoren können am Effektor eines Roboters befestigt sein und dadurch bei Bewegungen des Roboters ihre Position ändern.

Ein baumstrukturartiges Modell ist dazu geeignet, solche hierarchischen topologischen Anordnungen in der Fertigungszelle zu beschreiben. Das oberste Objekt (die Wurzel des

Baums) ist das kartesische Referenzkoordinatensystem (x, y, z) in der Roboterzelle als globales Bezugssystem. Auf der ersten darunterliegenden Ebene finden sich Komponenten, die unabhängig von anderen Komponenten ihren Bezug direkt auf das Zellreferenz-K.S. haben. In der zweiten Ebene stehen Komponenten, die auf oder an Komponenten der ersten Ebene befestigt sind usw..

Jede Abhängigkeit im Topologiebaum drückt sich durch eine Bewegungsüberlagerung aus; bei einer Bewegung einer Komponente der ersten Ebene werden abhängige Komponenten der zweiten und tieferer Ebenen mitbewegt (umgekehrt nicht). Eine Kante im Topologie-baum entspricht einem Frame, das die Lage der unteren Komponente relativ zum K.S. der oberen Komponente angibt. Das Frame kann invariant oder zeitvariabel sein. Ist ein Roboter fest auf einem Fahrzeug montiert, so ist der Bezug invariant; bei einem Sensor am Endeffektor eines Roboters ist der Bezug aufgrund der Armbewegungen des Roboters zeitvariabel. Durch Multiplikation aller Frames des Pfades von der Wurzel zu einer bestimmten Komponente erhält man die Lage der Komponente relativ zum Zellreferenz-K.S.. Zum mathematischen Hintergrund hierzu siehe /Blu 82/.

Durch das baumstrukturartige Modell ist es möglich, auch komplexer strukturierte Roboter-zellen zu beschreiben. Beim Aufeinanderstellen bereits modellierter Einzelkomponenten muß kein vollständig neues Modell entwickelt werden; durch die entsprechende Information in der Topologiestruktur werden die Abhängigkeiten semantisch korrekt und einfach abgebildet. Bei der Berechnung effektiv resultierender Bewegungen muß natürlich der Standort einer Komponente im Topologiebaum mitberücksichtigt werden und durch Framemultiplikationen in das gewünschte Koordinatensystem transformiert werden.

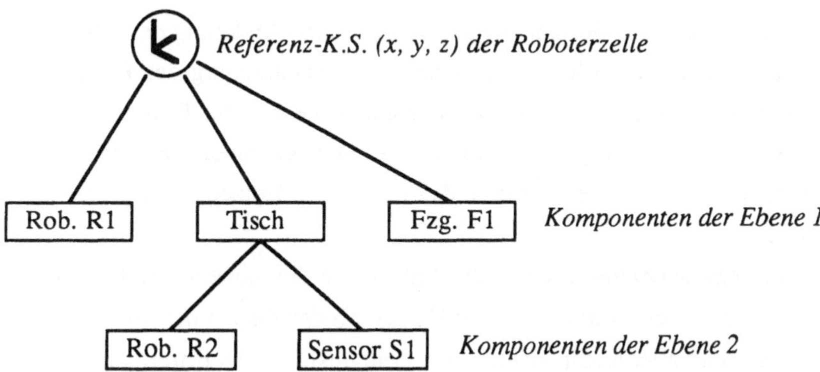

Bild 1.8: Baumstrukturartiges Modell einer Roboterzelle

1.4.2 Programmiersteuerung

Die Programmiersteuerung verwaltet die Definition und Ausführung von Programmen für die aktiven Komponenten einer Roboterfertigungszelle. Die Komponenten agieren in der realen Zelle gleichzeitig; also müssen ihre Programme von der Systemsteuerung der Simulation zeitlich parallel ausgeführt werden, um die Wechselwirkungen untereinander zum Ausdruck zu bringen.

1.4.2.1 Zentrale Systemsteuerung, Parallelbedienung der Komponenten, globale Zeitschnur als Referenz zur Interpolation der Aktionen

Eine echte parallele Ausführung mehrerer Komponentenprogramme ist mit einer Simulationssteuerung, die auf einem einzelnen Rechner läuft, nicht zu bewerkstelligen. Da die Simulation von Roboteranwendungen diskret ist (auf Basis eines Zeitrasters im ms-Bereich, das zur Interpolation der Bewegungen ausreicht), läßt sich eine quasiparallele Abarbeitung dadurch erreichen, daß man mit jedem Schritt des Zeitrasters jede Komponente einen Interpolationsschritt fortschaltet. Nach Bedienung der letzten Komponente ist die ganze Zelle einen Zeittakt fortgeschaltet worden.

Nach diesem Schema ist für SP^3R eine Systemsteuerung entworfen worden, die alle zu programmierenden Komponenten reihum bedient. Als Referenz der Aktionen dient eine globale Zeitschnur mit diskretem Raster. Die Zeitschnur stellt die Uhr in der Roboterzelle dar; auf sie beziehen sich alle absoluten Zeitangaben. Die einzelnen Programmbefehle zu einer Komponente laufen sequentiell nacheinander ab. Jeder Befehl hat dabei eine gewisse relative Zeitdauer. Durch Aufsummieren aller Einzelzeiten ergibt sich für ein abgeschlossenes Programmstück eine Gesamtausführungszeit. Eine Änderung des Startzeitpunkts, d.h. der Referenz auf die Absolutzeit, bewirkt eine Verschiebung des Programmstücks der Komponente gegen die anderen Komponentenaktionen in der Roboterzelle. Eine in sich bereits getestete Aktionsfolge eines Roboters kann so gegen eine Handhabungsfolge eines anderen Roboters verschoben werden, daß die beiden Einzelprogramme gut miteinander harmonieren.

Die Ausführungsdauer eines Programmschritts einer Komponente ergibt sich als Parameter des Programmierbefehls oder durch die Emulation der Komponentenfunktion. Durch den gemeinsamen Start aller Komponenten zum Zeitpunkt t=0, die Ermittlung der Zeitdauer zur Ausführung eines Befehls sowie die quasiparallele Reihumbedienung aller Komponenten im Interpolationsraster wird die ganze Zelle in ihrem Zeitablauf so simuliert, wie auch die realen Vorgänge bei physikalisch vorhandenen Komponenten aussehen würden.

1.4.2.2 Interpretative Programmausführung mit Rücksprungmöglichkeiten

Zur Programmierung der Zellkomponenten wurde eine auf die Komponentenklassen zugeschnittene Kommandosprache entwickelt. Die Kommandos entsprechen elementaren Bewegungs- oder Meßfunktionen der Komponenten und können mit Hilfe von Optionen und Parametern variiert und genau spezifiziert werden. Die Programmschritte für die einzelnen Komponenten werden in SP^3R sequentiell interpretiert und ausgeführt. Bei der interaktiven Erstellung der Kommandos kann so unmittelbar nach der Definition eines Kommandos seine Wirkung in der Simulation begutachtet werden. Durch die direkte Ausführung eines einzelnen Kommandos können Fehler wie undurchführbare Bewegungen, die bei der Roboterprogrammierung leicht entstehen können, schnell erkannt werden.

Zur effizienten Korrektur von Programmen wurden Rücksetzmechanismen für den globalen Zeitablauf und damit für die Programmzeiger der Komponenten konzipiert. Hierunter ist ein Zurücksetzen der Systemzeit auf einen früheren Ablaufzeitpunkt sowie die Wiederherstellung des zu diesem Zeitpunkt gültigen Zellzustands zu verstehen. Voraussetzung hierfür ist eine Speicherung aller definierten Programmschritte und Interpolationszustände der Komponenten, da durch die Verschränkung der Aktionen (beim Ausführungsende eines Kommandos einer Komponente kann eine andere mitten in der Interpolation einer Bewegung stehen) für einzelne Komponenten ein Aufsetzen auf Interpolationszuständen erforderlich ist.

Die Rücksetzmechanismen ersparen es dem Anwender im Fehlerfall, das ganze Zellprogramm noch einmal von vorn (Zeitpunkt t=0) laufen lassen zu müssen. Durch ein minimales Zurücksetzen auf einen Zeitpunkt unmittelbar vor Auftreten eines Fehlers kann sofort ohne unnötige Wartezeit oder Doppelarbeit eine korrigierte Programmfortführung eingeleitet werden.

1.4.3 Synchronisation und Koordination

Aufgrund des Zusammenspiels der Komponenten in einer Roboterzelle laufen die einzelnen Programme nicht unabhängig voneinander parallel ab. Zur Beschreibung von Interaktionen zwischen den Komponenten muß das System folglich über geeignete Synchronisationsmechanismen verfügen.

Zu diesem Zweck wurden für SP^3R Kanäle und Ereignisobjekte definiert. Ein Kanal ist ein (abstraktes) Medium, über das eine Komponente (der Sender) einer anderen Komponente (dem Empfänger) eine Nachricht sendet. Diese Nachricht besteht im einfachsten Fall aus einem Triggerimpuls; jedoch ist auch eine Übertragung numerischer Werte wie Abstandsdaten oder Objektdrehlagen vorgesehen. Ziel des Kanals ist die Beeinflussung des Programmablaufs des Empfängers durch den Sender, also eine Synchronisation der einen mit der anderen Komponente. Für Definition, Schreiben und Lesen des Kanals stehen entsprechende Kommandos zur Verfügung. Ein Kanal kann prinzipiell zwischen zwei beliebigen Komponenten definiert werden, ohne daß die Komponententypen hierbei eine Rolle spielen, und steht dadurch in universeller Weise zur Synchronisation zur Verfügung.

Durch einen Kanal läßt sich eine Komponente mit einer anderen synchronisieren. Sollen mehr als zwei Komponenten zeitlich aufeinander abgestimmt werden, ist der Kanalmechanismus zu unhandlich. Hierfür bietet das System Ereignisobjekte an, an denen beliebig viele Komponenten beteiligt sein können. Jede Komponente sendet ein Fertigsignal an das Ereignisobjekt und wartet auf das Eintreten des Ereignisses. Hat die letzte Komponente ihr Fertigsignal übermittelt, ist das Ereignis eingetreten, und die Komponenten fahren zum gleichen Zeitpunkt in ihrem aktiven Programmlauf fort.

Eine solche punktuelle Synchronisation, wie sie durch Kanäle und Ereignisobjekte erzielt werden kann, reicht in manchen Anwendungsfällen nicht aus. Sollen z.B. zwei Roboter gemeinsam (koordiniert) ein Werkstück transportieren, muß die Bewegung einheitlich für die beteiligten Aktoren über eine bestimmte Zeitdauer geplant werden. Zur Definition solcher Abläufe in der Simulation wurde eine Betriebsart "Koordination" geschaffen, in der mehrere aktive Komponenten gemeinsam einer vorgegebenen Bewegung nachfolgen. Diese sogenannte "Master"-Bewegung kann implizit oder explizit definiert sein; die beteiligten Komponenten folgen in einem "Slave"-Mode der Vorgabe.

Die in SP^3R integrierten Synchronisationsmechanismen stellen einen Ausschnitt aus der Vielfalt an Synchronisationsmöglichkeiten dar, wie er allgemein von den Problemen zur Synchronisation von Prozessen in Betriebssystemen bekannt ist /Frei 87/. Für die hier diskutierte Anwendung "Programmierung komplexer Roboterfertigungszellen" wurden zwei Verfahren ausgewählt, die zur Lösung der für Roboterstationen typischen Synchronisationsprobleme zwischen den beteiligten Robotern und Maschinen ausreichen.

Im Zusammenhang mit der Synchronisation einzelner Prozesse tritt immer die Fragestellung nach möglichen Verklemmungen auf: Prozeß A wartet auf die Freigabe durch Prozeß B, B wartet gleichzeitig auf A. Dieses Problem kann auch im System SP^3R auftreten, hat aber aus folgendem Grund keine Relevanz:

Die für Roboterstationen typische Anzahl beteiligter Fertigungskomponenten bewegt sich höchstens in einer Größenordnung um die 20. Dem Programmierer, der ja die Aktionen indirekt steuert, ist zu jedem Zeitpunkt bekannt (und durch die graphische Simulation auch visuell dokumentiert), in welchen speziellen Teilabläufen sich die einzelnen Komponenten gerade befinden und wo gegebenenfalls Synchronisationen stattfinden. Eine versehentlich programmierte Verklemmung wird so innerhalb kürzester Zeit ersichtlich und kann durch die in SP^3R integrierten Rücksetzmechanismen schnell korrigiert werden.

1.5 Vergleich des Systems mit anderen Simulationsverfahren für robotergestützte Fertigungsanwendungen

Im Anschluß an die Vorstellung der Ideen für das System SP^{3}R erfolgt nun eine Abgrenzung gegen die schon aufgeführten Roboterprogrammierverfahren sowie ein Vergleich mit anderen Methoden zur Simulation von Fertigungsanwendungen.

1.5.1 Gängige Roboterprogrammiersprachen und Robotersimulationssysteme

Roboterprogrammiersprachen wie AL, das von ALGOL abgeleitet wurde /Muj 79/, oder TDL (task description language, Programmiersprache des Robotersimulationssystems ROBCAD der Fa. Tecnomatix /Tec 87/) sind universelle Sprachen, d.h. für beliebige Robotertypen verwendbar. Nach Erstellung und Simulation einer Roboteranwendung wird das Programm zur Ausführung auf einem realen Roboter mit Hilfe eines Postprozessors in die spezielle Robotersprache übersetzt. Im System USIS (Robotersimulationssystem des Instituts IWB der TU München /Tau 88/) programmiert der Anwender einen Roboter direkt in dessen Steuersprache (z.B. VAL II, /Shi 84/), so daß der Übersetzungsvorgang entfällt. Der Vorteil der ersten Lösung (universelle Sprache) ist der, daß in einer Zelle mit mehreren verschiedenen Robotern alle Roboter einheitlich angesprochen werden können. Ein einzelner Roboter kann ohne Modifikation des Programms durch einen anderen Typ ersetzt werden; die Programmierung ist also eher aufgaben- als maschinenorientiert. Bei der zweiten Lösung (spezielle Robotersteuersprachen) kann der Roboterprogrammierer die Aufgabe in der ihm vertrauten Sprache formulieren (das Erlernen einer neuen Sprache entfällt), und das durchsimulierte Programm kann ohne Übersetzung auf die Robotersteuerung geladen werden.
Für SP^{3}R wurde eine universelle Sprache entworfen, um eine einheitliche Programmierung der Zellkomponenten zu erreichen. Durch die hier vorgenommene Einteilung der Komponenten in Aktorenklassen ergibt sich automatisch eine Aufteilung der Sprachbefehle in Kommandogruppen entsprechend der Funktionalität der Klasse. Eine weitere typspezifische Auffächerung der Befehle einer Klasse wäre zum einen mit großem Aufwand verbunden, zum anderen würde die Übersichtlichkeit verlorengehen.
Sprachen wie AL, die von höheren Programmiersprachen (ALGOL) abgeleitet sind, oder TDL als neuentwickelte high-level Simulationssprache für Roboterarbeitszellen enthalten die bekannten Merkmale von Hochsprachen zur Programmstrukturierung wie Blockstrukturen, Programmablaufkontrolle, Unterprogrammtechnik, arithmetische Operatoren, problemorientierte Datentypen usw.. Die Vorteile solcher Sprachen liegen in einer übersichtlicheren Formulierung größerer Programme, was unter den Aspekten Lesbarkeit, Wartbarkeit,

Erstellungsaufwand u.a. zum Tragen kommt. Andererseits ist ein umfangreicher Compiler notwendig, um die Programme in eine ausführbare (interpretierbare) Form zu übersetzen.

Beim System SP^3R wurde aus Aufwandsgründen auf solche Konstrukte verzichtet. Die Programmiersprache in SP^3R ist eine einfache interpretierbare Kommandosprache, die aber durch ihren Aufbau eine effiziente inkrementelle Programmierung der Roboterzelle gestattet. Damit ist hier das Umschalten zwischen der Definition einzelner Programmschritte und dem Simulationslauf, also der parallelen Ausführung der Programme, gemeint. Die zeitliche Verschränkung der Aktionen und die Wechselwirkungen der Komponenten untereinander kommen durch die spezielle Art der Systemsteuerung zum Ausdruck. In Verbindung mit den Rücksetzmechanismen in SP^3R ist hierdurch ein schnelles Wechselspiel: Definition paralleler Aktionen - Simulation - Korrektur möglich, das den zeitlichen Aufwand zur Programmerstellung deutlich reduziert.

Bewegungsbefehle und Aktionsfolgen in SP^3R werden explizit programmiert. Eine implizite Programmierung setzt voraus, daß die Simulationssteuerung über eine Planungskomponente und ein entsprechend umfangreiches Umweltmodell verfügt, die zusammen eine automatische Ableitung von Befehlen auf explizitem Level aus einer impliziten Anweisung gestatten. Da die Zielsetzung von SP^3R die Ausführung paralleler Roboterprozesse, nicht aber die Realisierung eines (speziellen) Planungsverfahrens ist, sind keine impliziten Befehle in der Sprache enthalten. Eine Ankopplung eines impliziten Planungssystems ist jedoch in Form einer Kommunikationsschnittstelle denkbar, die in der einen Richtung geplante elementare Komponentenbefehle, in der anderen Statusmeldungen über Erfolg oder Undurchführbarkeit der Aktionen übermittelt /Blo 88/.

Der Synchronisationsmechanismus in SP^3R mit Kanälen zum Informationsaustausch zwischen Komponenten entspricht im wesentlichen den EVENT-Variablen in AL mit den zugehörigen SIGNAL- und WAIT-Semaphoroperationen oder den WHEN, SIGNAL und PULSE Instruktionen der Sprache TDL. Kanäle können entsprechend der universellen Konzeption des Systems zwischen beliebigen Komponenten aufgebaut werden. Durch die Klassenaufteilung der Komponenten mit der Bereitstellung eigener Funktionssätze findet hierdurch (anders als in AL) eine Entkopplung zwischen Sensormeßfunktion und Roboterbewegung statt. Anstelle einer Roboterbewegungsanweisung unter Sensorkontrolle führt der Sensor quasi autonom eine eigene Aktion durch; die Abhängigkeit des Roboters vom Sensor ist durch den Kanal definiert, über den der Abbruch der Bewegung veranlaßt wird. Durch dieses Prinzip ist ein Sensor nicht fest einem Roboter zugeteilt; er kann durch den Aufbau entsprechender Kanäle im Programmablauf dynamisch verschiedenen Komponenten zugeordnet werden. Das Ereignisobjekt in SP^3R ist eine Variante zur effizienten Definition von Synchronisationspunkten für beliebig viele Komponenten, zu der es keine äquivalente Sprachkonstruktion z.B. in AL oder TDL gibt.

Eine Besonderheit stellt der Koordinationsmechanismus in SP^3R dar. Bei der koordinierten Bewegung mehrerer Komponenten werden temporär die individuellen Komponentenemulatoren durch eine übergeordnete Koordinationssteuerung ersetzt, die die Bewegungsbahn eines Koordinationsframes unter Berücksichtigung aller Restriktionen berechnet. Hieraus ergibt sich eine zusätzliche Funktionalität für die Programmierung der Roboterzelle, mit der gekoppelte Aktionen von Zellkomponenten in der Simulation untersucht werden können. Eine ähnliche Funktion ist in keinem der gängigen Roboterprogrammiersysteme zu finden. In Kapitel 4.1 findet sich noch eine Bewertung der Funktionalität von SP^3R, die die Einsetzbarkeit des Systems mit seinen Hauptmerkmalen aufzeigen soll.

1.5.2 Diskrete Simulation flexibler Fertigungssysteme

1.5.2.1 Petri-Netze

Ein in letzter Zeit häufiger diskutiertes Werkzeug zur Simulation flexibler Fertigungssysteme (FMS) sind Petri-Netze. Petri-Netze können zur Analyse von Produktionslinien eingesetzt werden, also zur Erkennung von Engpässen in einer Fertigungsstraße, zur Bestimmung des Gesamtdurchsatzes, zur Bewertung von Verteilungsstrategien und eingebauten Redundanzkapazitäten usw..

Petri-Netze sind dem Bereich der diskreten ereignisgesteuerten Simulation zuzuordnen.

Formal ist ein Petri-Netz (PN) ein Tripel (S, T, V), wobei S= $\{s_1, ... ,s_n\}$ eine Menge von n Stellen ist, T=$\{t_1, ... ,t_m\}$ eine Menge von m Transitionen, und V⊆ (SxT) ∪ (TxS) die Menge der Kanten, die Stellen und Transitionen miteinander verbinden /Kro 87/. Der Zustand eines PN ist die aktuelle Verteilung von sogenannten Marken auf die n Stellen. In der graphischen Repräsentation eines PN (Bild 1.9) sind die Stellen durch Kreise, die Transitionen durch vertikale Balken und die Marken durch Punkte innerhalb der Stellen gekennzeichnet.

Befindet sich in jeder Eingangsstelle einer Transition eine Marke, so "schaltet" oder "feuert" die Transition, d.h. aus jeder Eingangsstelle wird eine Marke entfernt, und in jeder Ausgangsstelle wird eine Marke eingefügt. Bild 1.10 zeigt den Folgezustand des PN aus Bild 1.9 (Transition t_1 hat gefeuert).

Ausgehend von einer Initialmarkierung wird in diskreten Schritten der Systemzustand durch Verschieben von Marken verändert. Durch die Verfolgung der Historie in den einzelnen Stellen und Transitionen lassen sich Aussagen über das Verhalten des gesamten Netzes machen. Die mittlere Belegung einer Stelle mit Marken bzw. die Anzahl an Schaltvorgängen einer Transition können z.B. Pufferauslastungen oder den Durchsatz durch eine bestimmte Maschine anzeigen.

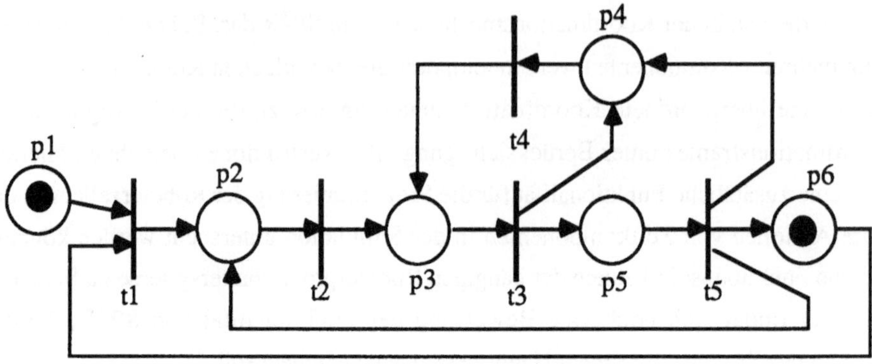

Bild 1.9: Graphische Repräsentation eines Petri-Netzes

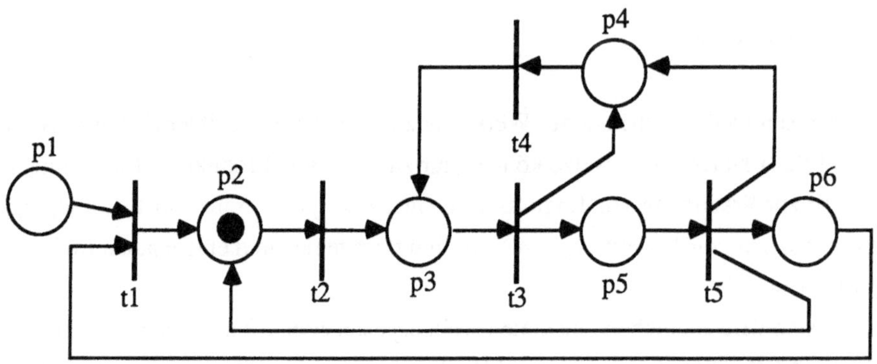

Bild 1.10: Das Petri-Netz aus Bild 1.9 nach Feuern der Transition t1

Es gibt verschiedene Varianten und Erweiterungen zu Petri-Netzen, die jeweils zur Analyse von Systemen auf einem bestimmten Abstraktionsniveau und zur Messung spezifischer Systemgrößen geeignet sind.

In zeitbehafteten PN wird jedem Schaltvorgang eine gewisse Zeitdauer zugeordnet. Bei stochastischen PN ist diese Zeitdauer nicht fest definiert, sondern zufällig nach einer bestimmten Wahrscheinlichkeitsverteilung /Bal 87/. Schwerpunkt bei Untersuchungen mit zeitbehafteten PN ist natürlich der Durchsatz pro Zeiteinheit durch eine vorgegebene System-konfiguration.

Petri-Netze sind im allgemeinen indeterministisch. Im Falle zweier sich ausschließender Transitionen (Bild 1.11) ist nicht festgelegt, welche der Transitionen im nächsten Schritt "feuert". Durch die Vergabe von Prioritäten im PN kann hier Eindeutigkeit erreicht werden.

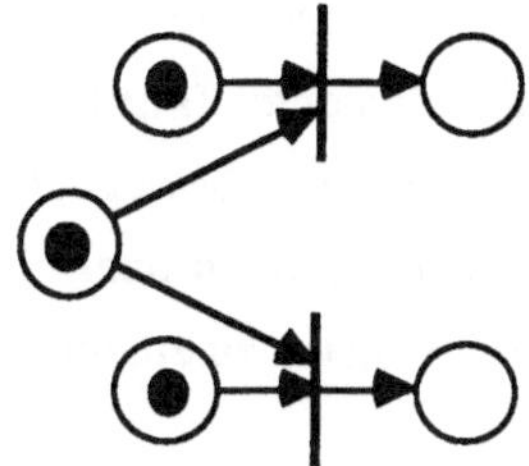

Bild 1.11: Indeterministisches Petri-Netz

Prädikaten-/Transitionen-Netze sind eine Art "high level"-Petri-Netz, bei denen den Marken Attribute zugeordnet werden und den Transitionen boolsche Ausdrücke, die auf den Attributen der an den Eingangsstellen der Transition befindlichen Marken ausgewertet werden. Die Transition feuert nur, wenn das Prädikat der Transition den Wert "wahr" annimmt. Zum Schaltvorgang der Transition gehören neben dem Entfernen und Einfügen von Marken noch Aktionen, die die Attribute der Marken verändern können.

Petri-Netze sind ein mächtiger Formalismus zur Beschreibung verteilter Systeme, bei denen konkurrierende Prozesse und Synchronisationsprobleme auftreten /Bru 87/. Aufgrund der graphischen Ausdruckskraft und der einfachen und gut handhabbaren Funktionsmechanismen werden sie in zunehmendem Maße zur Analyse von Systemen (z.B. im Bereich der flexiblen Fertigung) eingesetzt. Die allgemeine Validierung sowie die Erfassung zeitlicher Anforderungen sind Ergebnisse von Untersuchungen, die mit Petri-Netzen durchgeführt werden.

1.5.2.2 General Purpose-Simulationssprachen

Diskrete Systeme sind Systeme, in denen Variable durch den Fluß diskreter Stücke gekennzeichnet sind, die eine Anordnung diskreter Bausteine zu durchlaufen haben. Der kennzeichnende Unterschied zu stetigen Systemen liegt in der Art des Zusammenwirkens der Bausteine des Systems und dem zeitlichen Verlauf der Prozeßvariablen.

Fertigungsprozesse, bei denen einzelne Teile verschiedene Produktionsschritte durchlaufen und dabei in Form, Abmessung und Anordnung verändert werden, und die dazugehörigen Produktionsmaschinen, zu denen z.B. Roboter zählen können, fallen also unter die Kategorie "diskrete Systeme".

Zur Simulation diskreter Systeme gibt es eine Reihe an Programmsystemen und Simulationssprachen /Schö 74/. Im folgenden seien zunächst stichpunktartig die wichtigsten strukturellen Eigenschaften diskreter Simulationsmodelle genannt.

Bei der Beschreibung eines Simulationsmodells zeichnen sich die zwei Begriffe: "Systemelemente" (entities) und "Eigenschaften der Systemelemente" (attributes) heraus. Die Systemelemente lassen sich in feste (z.B. Bearbeitungsstellen) und bewegliche (z.B. die durchlaufenden Güter) Elemente unterteilen. Sie tragen Informationen über eigene oder andere Eigenschaften und bestimmen damit den Zustand des Systems zu einem bestimmten Simulationszeitpunkt.

Mit dem Begriff "Ereignis" (event) werden die Zustandsänderungen in diskreten Systemen beschrieben. Ereignisse können zu diskreten, aber ansonsten beliebigen Zeitpunkten eintreten. Ein Ereignis ist z.B. das Eintreffen eines Werkstücks an einer bestimmten Bearbeitungsstation. Ereignisse, die im System selbst stattfinden, werden innere Ereignisse genannt; von außen auf das System wirkende entsprechend äußere Ereignisse. Das Ereignis selbst hat eine Zeitdauer t=0 und kann keine Rückwirkungen auf sich selbst ausüben.

Der Ablauf der Ereignisse im Modell erfolgt durch eine Zeitsteuerung. Die Systemzeit wird nach der Bearbeitung aller Ereignisse eines Zeitpunkts immer auf die Zeit des nächsten Ereignisses eingestellt, zu der der neue Systemzustand berechnet wird. Das Fortschreiten der Zeit ist ereignisgesteuert (im Gegensatz zum Fortschalten der Zeit in äquidistanten Schritten). Die Definition von Ereignissen und damit des dynamischen Ablaufs im System geschieht im Programmteil des Simulationssystems. Während und nach Ablauf der Simulation werden Statistiken erhoben und am Ende als Simulationsergebnis ausgegeben.

Als Simulationssprachen seien hier beispielhaft GPSS und SIMSCRIPT II genannt.

GPSS ist ein Vertreter der blockorientierten Simulationssprachen, d.h GPSS hat vorgefertigte Bausteine, die Programmblöcke genannt werden /Schö 74/. Die gesamte logische Beschreibung eines Systems und der logische Ablauf ist durch die spezielle Anordnung von Funktionsblöcken gegeben. Ein in Form eines Ablaufdiagramms vorliegendes System kann durch eine (1:1)-Abbildung leicht in GPSS codiert werden, sofern bei der Modellformulierung die Eigenarten der GPSS-Blöcke, die eine Art Standardelemente einer Programmbibliothek darstellen, berücksichtigt wurden.

Die sich durch das System bewegenden Verkehrseinheiten werden Transaktionen genannt, die von Block zu Block weitergereicht werden. Eine Zeituhr sorgt für den zeitlich richtigen Prozeßverlauf. Die interne Organisation ist stark auf Prozesse des Warteschlangentyps ausgerichtet. GPSS eignet sich daher besonders für die Simulation von Ablaufproblemen wie z.B. in Verkehrssystemen.

SIMSCRIPT II als anweisungsorientierte Simulationssprache ist in Funktion und Aufbau auf eine Ebene mit den allgemeinen problemorientierten Sprachen wie ALGOL oder PASCAL zu stellen. Die Beschreibung eines Modells geschieht durch eine individuelle Namensgebung, Angabe seiner Eigenschaften und seiner Struktur für jedes Systemelement (SIMSCRIPT-Zustandsdeskriptoren entity, attribute, set) /Kiv 68/. Ein Ereignis leitet im

allgemeinen eine Aktivität ein oder beendet sie. Ereignisse sind exogen (extern) oder endogen (intern). Das zeitliche Verhalten eines Systems ist durch die Reihenfolge des Auftretens der Ereignisse bestimmt. Durch die Anweisung "START SIMULATION" wird die dynamische Ausführung der Simulation gestartet. Zur internen Auslösung und Rückplanung von Ereignissen gibt es die Anweisungen "SCHEDULE AN (Name des Ereignistyps) AT (Zeitangabe)" bzw. "CANCEL AN (Name des Ereignistyps)".
Statistische Größen wie die durchschnittliche Länge einer Warteschlange werden gesammelt und bei Programmende ausgewertet.
Durch die Einbeziehung von Sprachelementen höherer problemorientierter Programmiersprachen ist SIMSCRIPT II eine universelle, nicht nur für Simulationszwecke verwendbare Programmiersprache.

1.5.2.3 Abgrenzung von SP^{3}R

Aus der Beschreibung der Konzepte von Petri-Netzen und General Purpose-Simulationssprachen für diskrete Systeme werden die Unterschiede zu einer Simulationssteuerung wie in SP^{3}R ersichtlich: Das Interesse liegt bei beiden Simulationsverfahren auf einer Untersuchung des Zusammenspiels der Komponenten und des globalen Funktionsablaufs in größeren Systemen. Es werden Maschinenauslastungen, maximale und mittlere Warteschlangenlängen, Durchsatz usw. gemessen, um ein System von der Anlagenstruktur und der Verteilungsstrategie auf eine bestimmte Aufgabe hin zu optimieren. Die einzelnen Aktionen der Komponenten selbst werden nicht näher untersucht; sie werden einfach zu bestimmten Zeitpunkten bzw. bei Vorliegen gewisser Eingangsbedingungen gestartet und gelten (gegebenenfalls nach einer bestimmten Ablaufdauer) als erfolgreich beendet.
In SP^{3}R wird jedoch das zeitliche Zusammenspiel der Komponenten auf Interpolationsniveau, d.h. auch mitten in der Ausführung von Aktionen, untersucht. Die Zeit wird deshalb nicht ereignisgesteuert, sondern in äquidistanten Schritten fortgeschaltet, um Aussagen über den Zellzustand zu beliebigen Rasterzeitpunkten machen zu können (z.B. für einen Kollisionstest). Das Hauptaugenmerk gilt hier der korrekten Semantik und der Ausführbarkeit der definierten parallelen Programmsequenzen, das nur durch die Emulation der Komponentenfunktion mittels Interpolation festgestellt werden kann. Insofern bestehen im Hinblick auf die Programmablaufsteuerung in SP^{3}R Unterschiede zur Ausführung von Simulationen mit Petri-Netzen oder allgemeinen Programmsystemen wie GPSS oder SIMSCRIPT II, obwohl natürlich in allen Fällen eine diskrete Simulation vorliegt. Der "Level of detail" geht bei SP^{3}R nicht nur bis auf das Niveau elementarer, in sich abgeschlossener Operationen der Komponenten herunter, sondern bis zur Interpolation der Aktionen in zeitlich äquidistanten Schritten im ms-Bereich.

1.6 Entstehungsgeschichte von SP^{3}R

Am Schluß des Einführungskapitels noch ein paar Bemerkungen zur Enstehungsgeschichte von SP^{3}R.

Das Robotersimulationssystem ROSI

Im Rahmen einer Doppeldiplomarbeit wurde 1984 der Grundstein zur Entwicklung eines Robotersimulationssystems gelegt /Hor 84/, /Huck 84/. In der Arbeit wurde ein System entwickelt, das über Grundfunktionen zur interaktiven Modellierung einer Roboterzelle und zur Programmierung eines Puma 600-Roboters verfügte. Für die Programmierung waren ein Bahnplanungsmodul, Transformationsroutinen für den Puma 600 sowie eine elementare Roboterbewegungssprache entwickelt worden.

Das System wurde in den folgenden Jahren zum Robotersimulationssystem ROSI weiterentwickelt. ROSI verfügt über

- *eine menügesteuerte Dialogschnittstelle zur interaktiven Spezifikation von Kommandos zur Datenhaltung, Zellmodellierung und -programmierung,*
- *ein systemspezifisches Datenhaltungssystem zur Definition und Archivierung von Zellkomponenten und modellierten Roboterzellen nach einem relationalen Schema,*
- *eine Schnittstelle zur Übernahme CAD-modellierter 3D-Geometrien,*
- *Emulationsfunktionen zur funktionalen Nachbildung von Robotern, Effektoren und Peripherie,*
- *eine Programmiersprache zur sequentiellen Programmierung der aktiven Zellkomponenten,*
- *einen Graphikmodul zur Animation der Roboterszenen auf einem schnellen 3D-Graphiksystem.*

Die Leistungsfähigkeit des Systems ROSI wurde z.B. anhand der Montageaufgabe "Cranfield Benchmark" mit einem Puma 260-Roboter oder einer Palettenentladestation mit Bosch SR800-Roboter demonstriert /Boh 88/.

Die Programmierung in ROSI

In ROSI können Roboter mit ihren Effektoren und periphere Geräte einer modellierten Roboterstation sequentiell programmiert werden. Der Anwender selektiert eine zu programmierende Komponente; daraufhin können für diese Komponente Aktionskommandos eingegeben werden, die unter Verwendung der Emulationsroutinen durchsimuliert und graphisch visualisiert werden. Soll eine andere Komponente angesprochen werden, muß diese als nächste für die Programmierung selektiert werden. Zur Programmierung der Roboter stehen ein universeller Bahnplanungsmodul sowie Transformationsroutinen für sechs Roboter, die in einer Bibliothek abgelegt sind, zur Verfügung. Die Programmiersprache ist allgemein gehalten, also nicht robotertypspezifisch. Zum Umfang der Programmiersprache zählen /Hor 89/ kartesische und gelenkorientierte Bewegungsbefehle, Set Up-Befehle zur Voreinstellung von Geschwindigkeiten und Beschleunigungen, Effektor (Greifer-)Befehle sowie Ablaufkontrollkommandos. Durch elementare gelenkorientierte Befehle kann ein peripheres Gerät programmiert werden.

Die programmierten Kommandos werden durch die Simulationssteuerung abgearbeitet und auf Fehler getestet. Eine simulierte Programmsequenz kann gespeichert und als Teil eines kompletten Roboterfertigungsprogramms noch einmal zur Ausführung gebracht werden.

Erweiterung des Programmiermoduls von ROSI

Die Programmierung erfolgt in ROSI durch ein sequentielles Ansprechen der aktiven Komponenten; sie werden nacheinander selektiert. Die Parallelität der Aktionen und der Gesamtzeitablauf in der Roboterzelle werden hierdurch nicht oder nur schwer ersichtlich. Interaktionen zwischen den Komponenten wie Synchronisationspunkte sind ebenfalls nicht oder nur umständlich handzuhaben. Die Struktur der Roboterzelle, die sich im zugrundeliegenden Modell widerspiegelt, ist "flach" (einstufig), d.h. topologische Abhängigkeiten aktiver Komponenten können nicht erfaßt werden.

Um diese Mängel zu beseitigen, wurde die Programmierung im System ROSI, wie in Kap. 1.4 beschrieben, vom Modell und der Funktionalität her zum System SP^3R erweitert. Parallelität in den zeitlichen Abläufen und hierarchische Strukturen im Modell sind hier definierbar; die Funktionalität ist auf weitere Komponentenklassen, Synchronisationsmöglichkeiten und das Betreiben von Einheiten im Koordinationsmodus erweitert.

2 Modellstruktur, Simulationssteuerung, Funktionen von SP^{3}R

In diesem Kapitel wird das System SP^{3}R im einzelnen entwickelt und dargestellt.

Nach einem Einführungsbeispiel zur Motivation wird das zugrundeliegende Modell zur Programmierung von Montagezellen hergeleitet und die Funktionsweise der zentralen Systemsteuerung aufgezeigt. Die Programmierfunktionen für die Komponentenklassen werden in einer Übersicht vorgestellt. Anschließend werden die Begriffe "Synchronisation" und "Koordination" in ihrer Funktion und Bedeutung, wie sie in diesem System zur Programmierung von Roboterstationen enthalten sind, näher erläutert. Am Schluß des Kapitels werden die Ergebnisdaten des Simulationslaufs beschrieben.

2.1 Beispiel-Fertigungszelle zur Motivation

Als Hinführung zum Modellentwurf für SP^{3}R soll die folgende Beispielzelle dienen. Dieser Zelle liegt keine reale Fertigungsanwendung zugrunde; hier geht es aber auch nur darum, abstrahiert die für die Programmiersteuerung relevanten Vorgänge und Komponentenstrukturen zu erfassen, um das Modell für die Simulation daraus ableiten zu können.

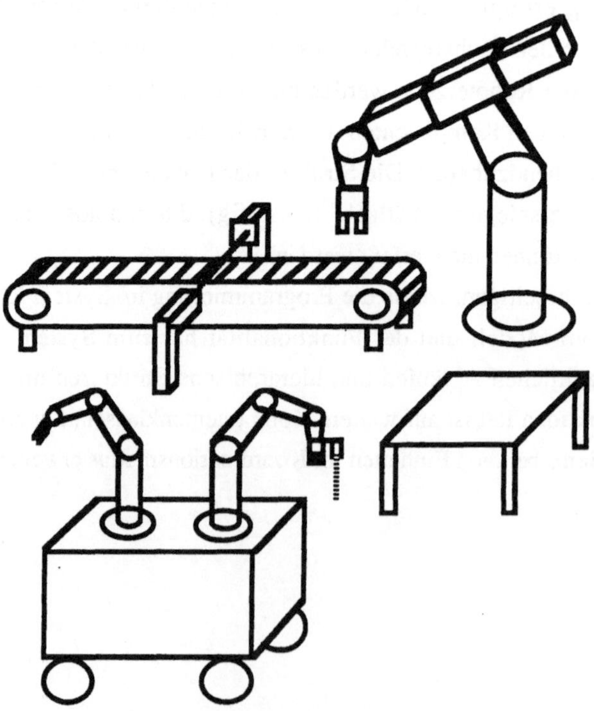

Bild 2.1 Beispiel-Roboterzelle

In der Beispielzelle befinden sich ein Fließband mit Lichtschranke, ein Stanford-Manipulator*, ein mobiler Roboter (Fahrzeug mit zwei Puma 260-Manipulatoren) sowie ein Tisch als Ablegestation. Die Manipulatoren sind mit entsprechenden Greifern ausgerüstet, um Werkstücke handhaben zu können. An einem der Greifer ist noch ein Abstandssensor angebracht.

In dieser Zelle ist nun der folgende Ablauf denkbar:

Zu einem beliebigen Zeitpunkt wird ein Werkstück auf das sich bewegende Fließband gelegt. Die Lichtschranke detektiert das Werkstück; der Stanford-Manipulator greift das Werkstück vom laufenden Fließband und fügt es auf dem Ablagetisch in ein anderes Werkstück. Gleichzeitig fährt der mobile Roboter zu diesem Tisch. Sobald der Fügevorgang beendet ist und der Stanford-Manipulator vom Tisch weggeschwenkt ist, werden die verbundenen Werkstücke von den beiden Puma 260-Robotern gemeinsam gegriffen und hochgehoben, und der mobile Roboter rückt vom Tisch ab.

Dieses Beispiel veranschaulicht recht deutlich, wie das Modell zur Programmierung von Roboterzellen aufgebaut sein muß und welche Funktionalität zur Definition der Vorgänge zur Verfügung stehen muß:

Im Modell müssen verschiedene Klassen aktiver und passiver Komponenten beschrieben werden können (Roboter, Fahrzeuge, Sensoren, Peripheriegeräte, Werkstücke usw.), denen jeweils individuelle Funktionssätze zur Bewegungsdefinition zugeordnet sind. Topologische Abhängigkeiten ("Puma 260_1 steht auf dem Fahrzeug") müssen im Modell erfaßt sein und für die zu manipulierenden Objekte (Werkstücke) durch den Programmfluß geändert werden können (Werkstück liegt auf dem Fließband -> Werkstück ist vom Stanford-Manipulator gegriffen).

Die Programmiersteuerung muß die Definition paralleler Handlungsabläufe erlauben. Aufgrund von Signalen und Ereignissen müssen Teilabläufe synchronisiert werden (Ablage und Wiederaufnahme der Werkstücke am Tisch), und es muß Möglichkeiten zur Koordinierung von Bewegungen geben (Fließband / Stanford-Manipulator, Puma 260_1 / Puma 260_2).

Das Beispiel wurde so gewählt, daß die im Bereich einer robotergestützten Fertigung auftretenden Probleme bei der Programmierung einer Roboterstation übersichtlich dargestellt und anhand eines kurzen beispielhaften Programmablaufs mit parallelen Handlungssequenzen analysiert werden können.

In den folgenden Kapiteln werden die einzelnen Stichpunkte näher ausgeführt.

---

* Entwicklung der Stanford-Universität, Kalifornien

2.2 Einteilung der Zellkomponenten in Klassen

Das Beispiel im vorigen Kapitel hat gezeigt, daß am robotergestützten Fertigungsprozeß verschiedene Typen aktiver und passiver Objekte beteiligt sind. Zur Strukturierung werden diese Objekte einzelnen Komponentenklassen zugeordnet. Für jede der Komponentenklassen wird ein Satz an (Bewegungs-) Funktionen definiert, der charakteristisch für die Klasse ist und damit universell für jede Komponente der Klasse zur Verfügung steht.
Komponenten einer Klasse "Fahrzeug" haben drei Freiheitsgrade in der Ebene (Translation in x- und y- Richtung, Rotation um die z- Achse); Referenzkoordinatensystem ist hier das globale Umweltkoordinatensystem der Roboterstation (siehe Beispielzelle).
Für diese Komponentenklasse liegen Funktionen wie Drehen, Linearbewegung, Kreisbewegung zur Definition von Fahrbewegungen in der Ebene vor. Zur Ausführung der Funktionen werden spezielle Emulationsroutinen eingesetzt, die die Fahrbewegung zeitlich interpolieren. Durch Programmierkommandos kann der Anwender des Systems diese Funktionen zur Steuerung des Fahrzeuges in der Simulation aktivieren. Die Funktionalität der Komponentenklasse "Roboter" besteht aus kartesisch oder gelenkorientiert geplanten Bewegungen des TCP (tool center point); "Sensoren" messen binäre bzw. reelle Werte oder identifizieren Objekte usw.. Die einzelnen Funktionssätze für die Komponentenklassen und die Ausführung durch Emulation sind in Kapitel 2.5 näher beschrieben.
In diesem Kapitel soll zunächst nur die Einteilung und Identifizierung der Klassen vorgenommen werden.
Ein wichtiges Einteilungskriterium ist zunächst einmal die Unterscheidung aktiver, funktionsbehafteter Komponenten von den passiven Komponenten. Nur die aktiven Komponenten können effektiv Bewegungen durchführen, müssen also programmiert werden. Die passiven Komponenten haben keine Funktionalität, müssen aber ebenfalls im Modell berücksichtigt werden, um topologische Abhängigkeiten und Framereferenzen, die sich durch den Programmfluß ändern, korrekt handhaben zu können. Einen Sonderfall stellt die Programmierung im Koordinationsmodus mit Vorgabe einer expliziten Werkstücksbewegung dar, weil sich hier die Bewegungsdefinition an einer passiven Komponente orientiert (siehe hierzu Kap. 2.7). Ansonsten beschränkt sich die Definition der Aktionen in der Montagezelle auf die (Parallel-) Programmierung der aktiven Komponenten.

2.2.1 Aktive funktionsbehaftete Komponenten

Die Beispielzelle deutete bereits an, welche Typen aktiver Objekte in der Fertigungszelle berücksichtigt werden müssen. Aus dem Spektrum robotergestützter Fertigungsanwendungen wurde die folgende Klasseneinteilung der aktiven Komponenten für SP^3R abgeleitet:

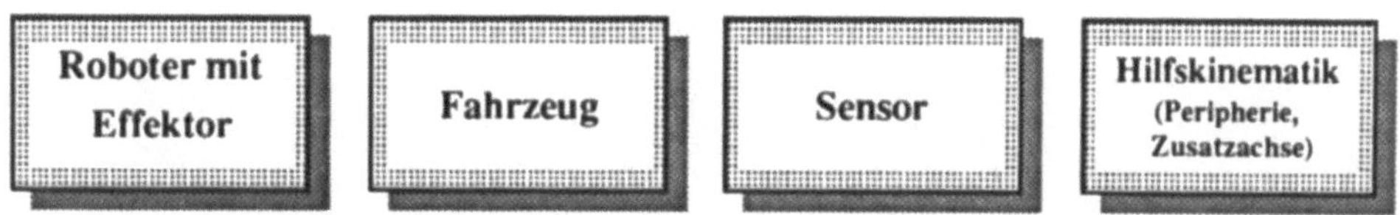

Bild 2.2: Klasseneinteilung der aktiven Komponenten

Roboter mit Effektor

Zentrale Komponente in der Roboterfertigungszelle ist natürlich der Roboter selbst.

Ein Roboter ist eine kinematische Kette aus (meist 4 bis 6) translatorischen oder rotatorischen Gelenken. Am letzten Gelenk ist ein Effektor befestigt, über den der Roboter mit Werkstücken in Wechselwirkung treten kann. Der Effektor kann ein Greifer oder ein Bearbeitungswerkzeug sein.

Maßgeblicher Punkt für die Programmierung ist der tool center point (TCP) des Roboters. Dieser Punkt ist im Fall eines Roboters mit einem Greifer der Punkt in der Mitte der Greiffinger, im Falle eines Bearbeitungswerkzeuges die Spitze des Werkzeugs. Die kartesische Bewegungsprogrammierung des Roboters orientiert sich an diesem TCP. Charakteristisch für einen kartesischen Bewegungsbefehl ist die Vorgabe eines Zielframes $(x, y, z, rot_x, rot_y, rot_z)$ zusammen mit der Bahninterpolationsart (PTP oder CP), die den Verlauf der Trajektorie vom Anfangs- zum Zielframe bestimmt. Die kartesische Programmierung mit der Parametervorgabe im dreidimensionalen Raum wird bevorzugt eingesetzt, da sie sich an dem für den Menschen gewohnten Anschauungsraum orientiert.

Neben den kartesischen Befehlen kann der Roboter auch im Gelenkraum programmiert werden. Hierbei werden direkt Verfahrwege für die Gelenke des Roboters angegeben.

Bei den Bewegungen mit kartesischer Zielframevorgabe und Interpolation ist zur Ansteuerung des Roboters eine Umrechnung in Gelenkkoordinaten erforderlich, die sogenannte inverse Koordinatentransformation. Auf die damit verbundenen Probleme soll an dieser Stelle nicht eingegangen werden; siehe hierzu Kap. 2.5.2 oder /Heiß 85/, /Lum 84/, /Pie 69/.

Befehle zur Programmierung des Effektors bestehen im Falle eines Greifers aus dem Öffnen und Schließen der Greiferfinger, im Falle eines Bearbeitungswerkzeugs aus dem Ein- und Ausschalten der Funktion des Werkzeugs. Diese Anweisungen sind aufgrund der Tatsache, daß der Roboter stets über seinen Effektor mit der Umwelt in Wechselwirkung tritt, in die Programmiersprache des Roboters integriert.

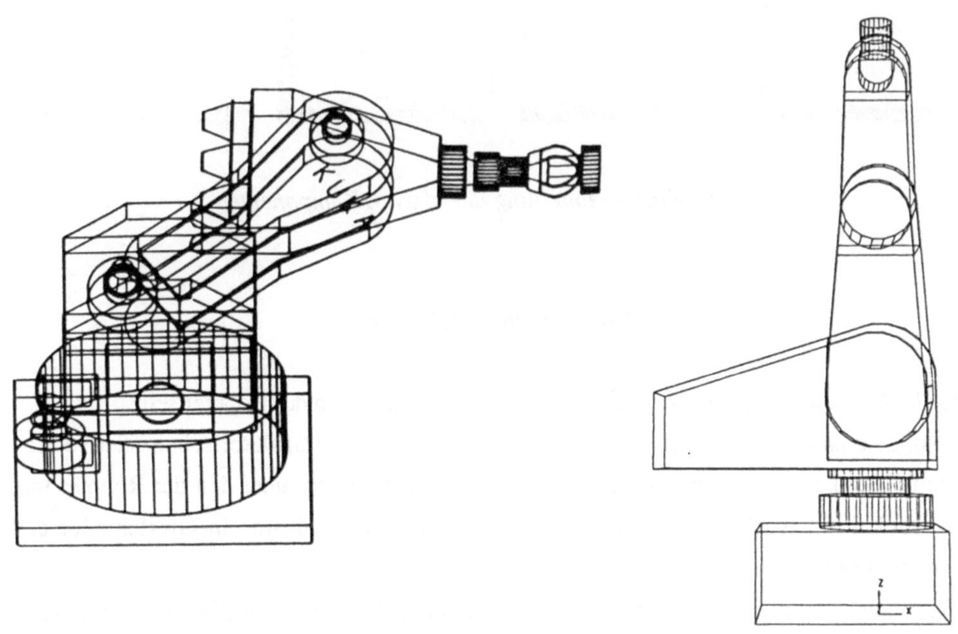

Bild 2.3a: Robotermodelle: Kuka IR 161 / Mitsubishi RM 501

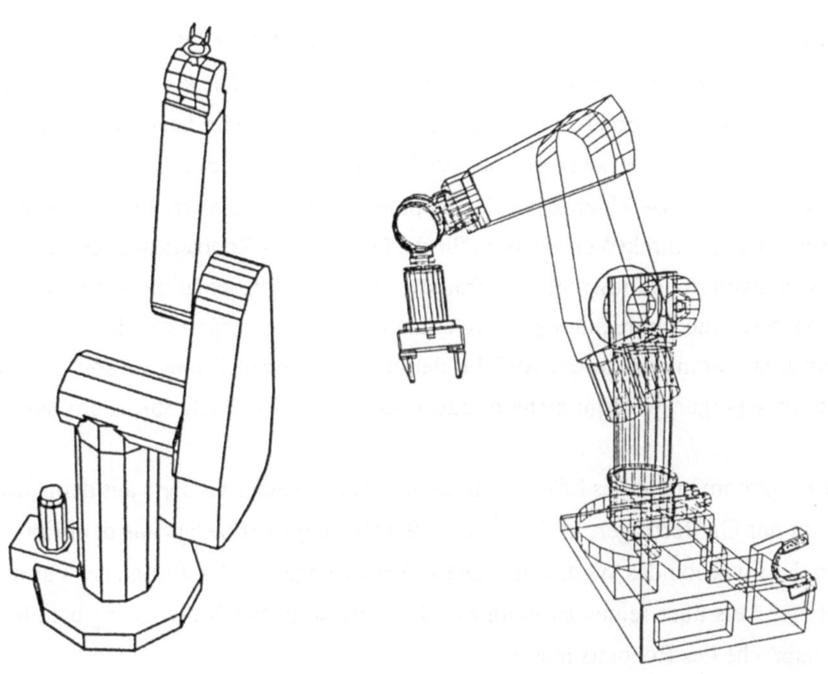

Bild 2.3b: Robotermodelle: Puma 600 / Puma 260

Als Programmiersprachen für Roboter finden eine Vielzahl an einfachen Kommando- und komplizierteren Sprachen mit Strukturierungsmöglichkeiten Verwendung (siehe Kap. 1.2). In der Regel sind es Eigenentwicklungen der Roboterhersteller selbst.

Für ein Simulationssystem ergibt sich die Schwierigkeit, bei einer großen Palette an verfügbaren Robotern auch die entsprechenden Programmiersprachen zur Verfügung stellen zu müssen. Dies ist mit großem Aufwand verbunden und kann bei der Programmierung komplexer Zellen mit vielen verschiedenen Robotertypen auch recht unübersichtlich werden.

Hier bietet es sich an, eine neutrale universelle Roboterprogrammiersprache in der Simulation zu verwenden und den generierten Code unabhängig vom Simulationslauf mit Hilfe von Postprozessoren auf die jeweilige spezielle Robotersprache umzusetzen. Dieser Weg wurde in ROSI /Hor 89/ mittels einer roboterunabhängigen Bewegungssprache eingeschlagen, für die exemplarisch für einen Puma 260-Roboter ein spezieller VAL*-Treiber /Roth 87/ geschrieben wurde. In kommerziellen Robotersimulationssystemen wie z.B. ROBCAD von der Firma Tecnomatix /Tec 87/ wird eine universelle Sprache (TDL - task description language) verwendet, aus der für verschiedene Robotertypen (z.B. GMF) der reale Steuercode erzeugt werden kann.

Eine einheitliche Programmierung aller Roboter mit Hilfe einer neutralen Sprache entspricht auch der Zusammenfassung zu einer Komponentenklasse "Roboter mit Effektor". Selbstverständlich müssen individuelle Eigenschaften der Roboter wie Bewegungsraum, kartesische Bahnsteuerung oder Interpolationsverfahren berücksichtigt werden. Das geschieht auch in den Emulationsroutinen, die zur Ausführung der Programmierbefehle aktiviert werden, nicht aber in der Programmiersprache, über die der Anwender mit dem System kommuniziert. Siehe hierzu Kap. 2.5.

Fahrzeug

In modernen Fertigungsanwendungen werden fahrerlose Transportfahrzeuge eingesetzt, die in SP^{3}R in der Komponentenklasse "Fahrzeug" zusammengefaßt sind.

Ein Fahrzeug kann sich auf der Bodenfläche der Zelle frei bewegen, hat mithin drei Freiheitsgrade in der Ebene. Auf die hieraus resultierenden Bewegungsfunktionen wurde bereits zu Eingang des Kapitels 2.2 hingewiesen.

Durch Fahrzeuge können passive Komponenten (Werkstücke) transportiert oder aber auch aktive Komponenten an ihren Einsatzort gefahren werden. Ein Beispiel für den ersten Fall wäre ein Wagen, der neue Werkstücke in Paletten zu einer Montagestation bringt. Ein Beispiel für den zweiten Fall wäre ein mobiler Roboter, d.h. eine fahrbare Plattform, auf der

---

* VAL ist eine Roboterprogrammiersprache der Fa. Unimation

ein oder mehrere Roboter montiert sind, die an unterschiedlichen Einsatzplätzen Montage-
aufgaben durchführen.

Bild 2.4 zeigt den autonomen mobilen Roboter "KAMRO" (*Karlsruher autonomer mobiler Roboter*), der am Institut IPR entwickelt und mit Sensorik ausgestattet wird /Hör 88/. Das Fahrzeug ist aufgrund der Verwendung sogenannter Mecanum-Räder und einer indivi-duellen Ansteuerung jedes einzelnen Rades in der Lage, in jede beliebige Richtung zu fahren und die Drehlage zu ändern. Wichtig ist in diesem Zusammenhang, daß ein solches Roboter-system im SP^3R -Modell nicht als ein (neues) Objekt gehandhabt wird, sondern als einzelne aktive Komponenten, zwischen denen topologische AFFIX-Beziehungen bestehen (Robo-terfahrzeug <-- Puma260_1). Der Grund hierfür ist der baukastenförmige Aufbau des mobilen Roboter aus vordefinierten Komponenten, für die bereits entsprechende Funktions-sätze zur Programmierung bereitstehen, sowie die dadurch erreichte Flexibilität, beliebige "Komponentenhierarchien" aufbauen zu können. Kapitel 2.2.3 behandelt diese Problematik ausführlicher.

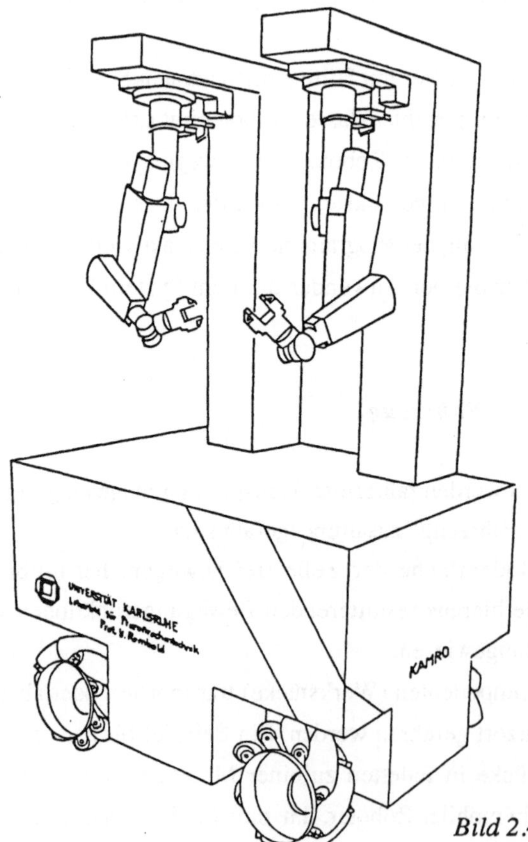

Bild 2.4: Mobiler Roboter "KAMRO"

Sensor

Durch Sensoren werden physikalische Gegebenheiten wie Abstände, Kräfte und Momente, Objektlagen usw. in der Fertigungszelle erfaßt. Eine Messung dieser Gegebenheiten ist erforderlich, da entweder nicht alle Parameter zur Steuerung des Programmablaufes von vornherein bekannt sind oder aber mit Abweichungen, Fehlern und Toleranzen in den Sollwerten gerechnet werden muß.

Aufgaben, die durch Sensoren gelöst werden können, sind z.B.

- Erkennen binärer Zustände (Lichtschranke)
- Abstandsmessung (Ultraschallsensor)
- Erfassung von Kräften und Momenten (KM-Sensor)
- Identifizierung, Drehlageermittlung von Objekten (Kamera)

Reale Sensoren messen diese Größen auf der Basis geeigneter physikalischer Prinzipien. Für die Simulation stellt sich die Schwierigkeit, diese Prinzipien durch Softwaremodule zu emulieren. Da der Simulation ein geometrisches Modell der Roboterzelle mit einer 3D-Repräsentation aller Komponenten zugrundeliegt, lassen sich noch am leichtesten die Sensoren emulieren, deren Meßergebnisse auf geometrischen Relationen basieren, also Lichtschranken, Abstandssensoren, Kameras und ähnliche.

Verfahren zur Emulation dieser Sensoren sind sehr komplex und werden daher hier nicht untersucht; siehe hierzu /Mit 89/. In SP^3R werden vielmehr nur die Meßwerte, d.h. die Resultate, die die Sensoren liefern, zur Steuerung und Kontrolle des Programmablaufs berücksichtigt. Das bedeutet, daß ein Sensor aus der Sicht dieses Systems eine Komponente ist, die zu einer bestimmten Zeit einen Auftrag erhält und nach einer gewissen Zeit ein Ergebnis, einen Wert abliefert.

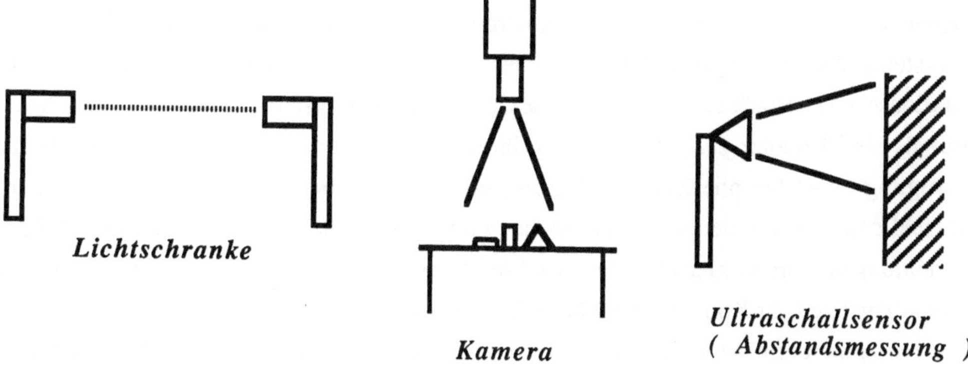

Bild 2.5: Sensoren in Roboterfertigungszellen

Das Zustandekommen dieses Wertes muß entweder durch eine Benutzereingabe simuliert werden, oder aber es müssen die entsprechenden Emulationsroutinen entwickelt und in das System integriert werden.

Zu bemerken ist noch, daß hier (im Gegensatz zu anderen Roboterprogrammiersprachen wie z.B. AL) ein Sensor nicht fest einem Roboter zugeordnet ist und in dessen Bewegungsprogrammierung direkt auftaucht ("MOVE ARM TO Zielframe ON FORCE(ZHAT) > 100 * gm DO STOP &"), sondern als autonome Komponente gehandhabt wird, die über Kanäle verschiedenen Komponenten der Fertigungszelle Signale übermitteln kann (siehe Kap. 2.6.1).

Hilfskinematik (Peripherie, Zusatzachse)

Periphere Geräte wie Drehtische, Fließbänder, Kettenförderer werden in Roboterfertigungszellen zum Transport und zur Bereitstellung von Werkstücken eingesetzt. Hierbei handelt es sich meistens um Geräte mit einem translatorischen oder rotatorischen Freiheitsgrad, die mehrere Werkstücke kontinuierlich oder in diskreten Schritten fortbewegen. Der Bewegungsraum des Freiheitsgrades kann endlos sein wie beim Drehtisch oder Fließband, oder aber Endanschläge besitzen (minimale / maximale Höhe eines Hubtisches).

"AFFIX" - Kommandos binden Werkstücke an bestimmten Positionen an das periphere Gerät. Durch die Transportbewegung des Gerätes werden sie entsprechend mitbewegt. Ein Roboter bzw. sein Effektor kann das Werkstück greifen und dadurch vom peripheren Gerät trennen.

Aus der Sicht der Programmierung der Roboterstation dienen die peripheren Geräte also der Zuführung und dem Weitertransport von Werkstücken. Entsprechende Funktionssätze werden in SP^{3}R zur Programmierung bereitgestellt. Das Zusammenspiel einzelner Stationen innerhalb ganzer Fertigungsstraßen, in dem Durchsatz und Auslegung der Transporteinrichtungen eine entscheidende Rolle spielen, wird hier nicht untersucht. Für diesen Zweck gibt es Systeme, die die Vorgänge innerhalb einer automatisierten Fabrik aus einer höheren Abstraktionsebene betrachten ("Simulation flexibler Fertigungssysteme"), siehe z.B. /Cla 82/.

Oftmals sind Roboter zur Vergrößerung ihres Arbeitsraums oder auch, um parallel zur Bewegung eines Peripheriegeräts (Kettenförderer) Arbeiten durchzuführen, auf einem Fahrschlitten montiert, der einen zusätzlichen Freiheitsgrad für den Roboter darstellt. Solche Einrichtungen werden hier als "Zusatzachse" bezeichnet und zählen zusammen mit den Peripheriegeräten zur Komponentenklasse "Hilfskinematik".

Eine Hilfskinematik ist in SP^{3}R definiert als eine kinematische Kette mit maximal 3 Freiheitsgraden. Hilfskinematiken können nur durch elementare Befehle im Gelenkraum programmiert werden (analog zu gelenkinterpolierten Bahnen eines Roboters). Durch die

Einbeziehung von Roboter und Hilfskinematik in eine Bewegungsprogrammierung im Koordinationsmodus ergeben sich interessante Anwendungsmöglichkeiten, aus denen ein Beispiel in Kap. 2.7.4 vorgestellt wird.

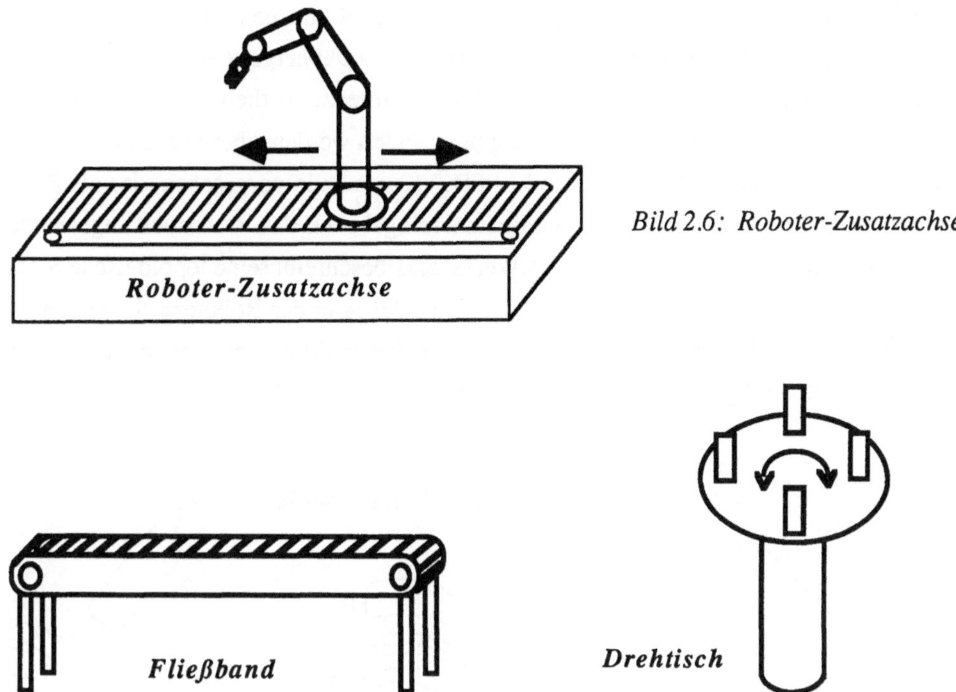

Bild 2.6: Roboter-Zusatzachse

Bild 2.7: Periphere Geräte

2.2.2 Passive Komponenten

Passive Komponenten sind Objekte der Fertigungszelle, die am Produktionsprozeß beteiligt sind, aber keine eigene Funktionalität haben. Insofern müssen diese Komponenten nicht programmiert werden. Da sich aber Umweltbezug und Vorgängerreferenz bei passiven Komponenten wie Werkstücken durch den Programmablauf ändern können, also zeitabhängige Größen sind, muß auch für passive Komponenten dynamische Information im Modell von SP^3R angelegt werden.

Neben Werkstücken, deren Position in der Umwelt durch den Programmablauf geändert werden kann, gibt es statische Objekte wie Tische, Schaltschränke, Standsockel, die unbeweglich in der Fertigungszelle stehen. Auch diese statischen Objekte zählen natürlich zur Gruppe der passiven Komponenten. Vorgängerreferenz und Umweltbezug ändern sich bei diesen Objekten nicht; zur Beschreibung topologischer Abhängigkeiten oder für einen Test auf mögliche Kollisionen im Verlauf eines Programms (siehe Kapitel 2.8.4) müssen sie jedoch ebenfalls im Modell berücksichtigt werden.

Werkstück

Als Werkstück wird hier jede passive Komponente der Fertigungszelle verstanden, die durch einen Roboter manipuliert oder durch ein peripheres Gerät oder Fahrzeug transportiert werden kann. Werkstücke sind diejenigen Teile, aus denen durch die Montage oder Bearbeitung mit Hilfe eines oder mehrerer Roboter das fertige Produkt hergestellt wird.

Beim Greifen/Loslassen eines Werkstücks muß die Referenz, die die topologische Abhängigkeit (Vorgängerbezug) des Werkstücks angibt, geändert werden, ebenso auch beim Ablegen auf einem Fließband. Hierfür ist ein "AFFIX"-Kommando vorgesehen, das als Folge des Griffs eines Roboters oder durch eine Benutzereingabe auf das Werkstück angewendet wird. Die aktuelle AFFIX - Beziehung des Werkstücks beschreibt seine topologische Stelle in der Umwelt; aus ihr wird die Position des Werkstückes in der Roboterzelle berechnet. Beim Zurücksetzen des Programmablaufs muß aus diesen AFFIX-Beziehungen die zum betreffenden Zeitpunkt gültige Referenz für das Werkstück wiederhergestellt werden.

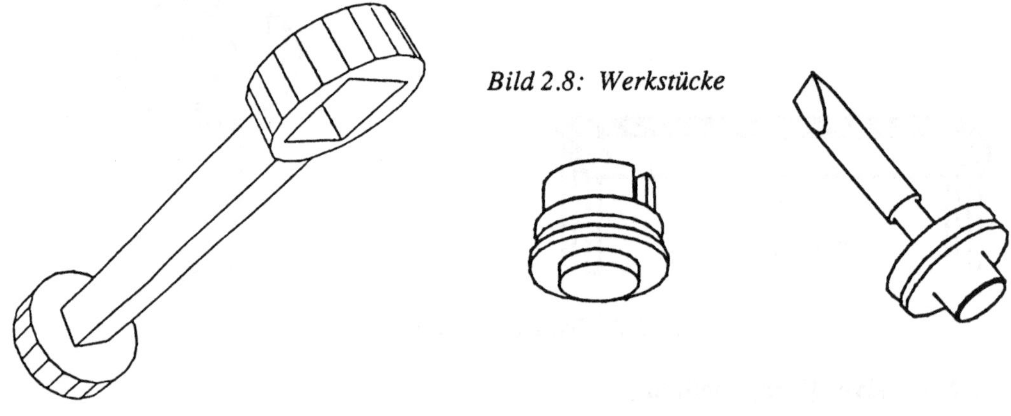

Bild 2.8: Werkstücke

Statisches Objekt

Statische Objekte zeichnen sich durch eine invariante Vorgängerreferenz aus. Ihre Bedeutung für die Programmierung der Fertigungszelle beschränkt sich auf die Graphik und Kollisionsbetrachtungen. Die folgenden Bilder zeigen Beispiele statischer Objekte:

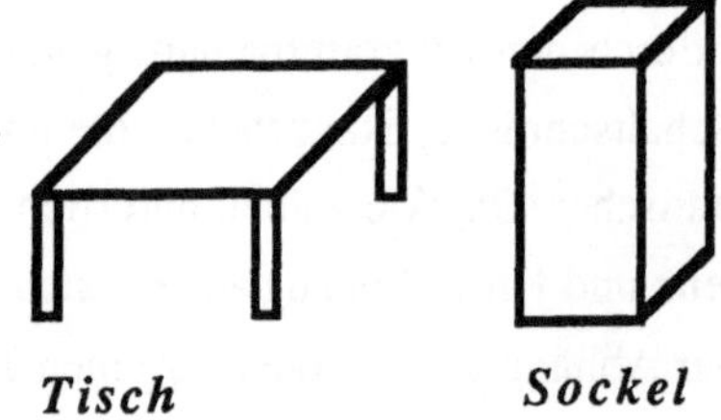

Tisch   *Sockel*   *Bild 2.9: Statische Objekte*

2.2.3 Topologische Beziehungen der Komponenten und semantische Restriktionen

In Kapitel 1.4 wurde das für SP^3R konzipierte Roboterzellmodell zur Beschreibung der Topologie bereits angedeutet.

Die Roboterfertigungszelle wird mit Hilfe einer Baumstruktur beschrieben. Oberstes Objekt in der Struktur ist das Referenz - oder Umweltkoordinatensystem der Zelle. Jeder Knoten repräsentiert ein Exemplar aus genau einer der beschriebenen Komponentenklassen. Die Struktur eines Knotens ist universell, d.h. sie enthält keine klassenspezifischen Beschreibungsdaten. Der Bezug zu der speziellen Komponentenklasse wird über eine Referenz auf einen typspezifischen Beschreibungsblock (z.B. Roboter) hergestellt.

In der Beschreibung des Komponentenknotens ist die Komponentenklasse, die Referenz auf den Vorgänger und das Bezugsframe zum Vorgänger mit dem Vermerk zeitabhängig / zeitinvariant enthalten. Jede Komponente hat genau einen Vorgänger und eine Liste beliebig vieler Nachfolger. Bild 2.10 zeigt die Struktur.

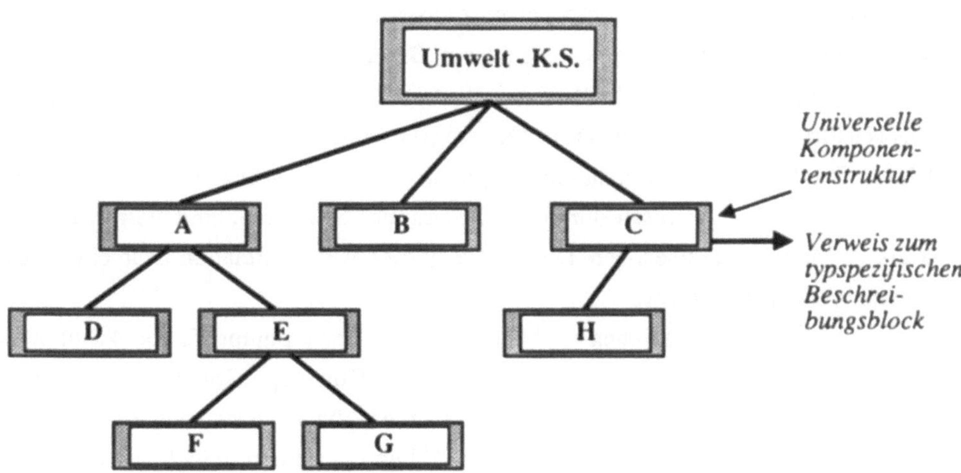

Bild 2.10: Topologische Struktur einer Roboterfertigungszelle in SP^3R

Auf der zweithöchsten Ebene (d.h. direkt unter dem Umwelt - K.S.) sind die Komponenten anzutreffen, die frei in der Zelle plaziert worden sind (A, B, C). Das Referenzframe dieser Komponenten bezieht sich direkt auf das Umweltkoordinatensystem. Eine Ebene darunter sind Komponenten anzutreffen, für die eine "AFFIX"- Beziehung zu einer Komponente der zweithöchsten Ebene besteht (D, E). Die Komponente D ist im Diagramm an A "angehängt", bei Bewegungen von A bewegt sich D mit. Das Bezugsframe von D ist relativ zum lokalen Koordinatensystem von A definiert. Zur Bestimmung der Position der Komponente F in der Umwelt müssen die Bezugsframes für A, E und F miteinander multipliziert werden.

Auf diese Weise können beliebige baumartige Strukturen im Modell von SP^3R erfaßt werden. Das Modell ist vom prinzipiellen Aufbau her universell; dadurch können neue Komponentenklassen leicht in das System integriert oder Komponenten an beliebiger Stelle an andere Komponenten angehängt werden.

Semantische Restriktionen für die Klassen

Durch seinen universellen Aufbau läßt das Modell von SP^3R beliebige baumartige Strukturen aus Komponenten beliebiger Klassen zu. Natürlich entspricht nur ein gewisser Ausschnitt aus den möglichen Strukturen semantisch einer sinnvollen und auch technisch realisierbaren Zelle für eine spezielle Fertigungsanwendung. So macht es z.B. keinen Sinn, unterhalb eines "Sensors" eine Komponente der Klasse "Roboter" anzuhängen.

Es werden daher semantische Restriktionen eingeführt, die nur sinnvolle "AFFIX" - Beziehungen in der Baumstruktur der Komponenten zulassen. Die Restriktionen ergeben sich aus der Bedeutung der speziellen Komponentenklasse. Bild 2.11 gibt die möglichen Zuordnungen an. Ein Eintrag (+) an der Stelle (i,j) bedeutet: Eine Komponente aus der Klasse (i) kann als Nachfolger Komponenten aus der Klasse (j) haben.

Die Klasse "Werkstück" taucht in diesem Diagramm nicht auf. Da sich die AFFIX-Relationen bei Werkstücken dynamisch durch den Programmfluß ändern, sind sie nicht in das topologische Modell miteinbezogen. Die jeweils gültige AFFIX-Relation ist in einer Liste direkt beim Werkstück vermerkt.

Aus den angegebenen Restriktionen ergibt sich eine maximale Baumtiefe von 4 Stufen für aktive Komponenten (z.B. Umweltkoordinatensystem - Fahrzeug - Roboter mit Effektor - Sensor). Da das Modell von SP^3R universell gestaltet ist, könnten auch andere semantische Restriktionen vorgegeben werden; die hier gewählten erscheinen jedoch aus der Funktionalität und dem technischen Aufbau der Komponentenklassen heraus am sinnvollsten.

i\\j	Rob	Fzg	Sen	HKi	StO
Rob			+		
Fzg	+		+		
Sen					
HKi	+		+		
StO	+		+	+	+

Bild 2.11: Semantische Restriktionen für die Zelltopologie

2.3 Das zugrundeliegende Modell in SP³R

In diesem Kapitel soll das Modell, auf dem die Programmierung der Roboterfertigungszelle in SP³R basiert, hergeleitet und erläutert werden.

Ausgangspunkt für die Entwicklung des Modells sind die folgenden Überlegungen, die sich aus dem Anwendungsspektrum von SP³R ergeben:

- das Modell muß die Anordnung der an der Produktion beteiligten Komponenten repräsentieren. Hierbei müssen insbesondere topologische Abhängigkeiten (Hierarchien) der Komponenten berücksichtigt werden, die beim Auflösen von Framereferenzen und in der Überlagerung von Bewegungen zum Ausdruck kommen.

- das Modell sollte universell und erweiterbar gestaltet sein, um beliebige Zellen nach einem einheitlichen Schema in Baumstruktur darstellen und gegebenenfalls neue Komponentenklassen leicht integrieren zu können.
  Hieraus folgt unmittelbar, daß das Modell keine klassenspezifischen Restriktionen enthalten darf, sondern allgemein die topologischen Anordnungen und Vorgängerreferenzen von Komponenten beschreiben sollte. Der Bezug zu klassenspezifischen Beschreibungsdaten kann über eine Referenz hergestellt werden.

- das Modell ist ein Laufzeitmodell zur Programmierung der Fertigungszelle.
  Die Modellierung und Archivierung eines Roboterzellen-Layouts wird im Modellierteil des Robotersimulationssystems ROSI vorgenommen. Hier stehen dem Anwender entsprechende Funktionen zur Verfügung, um Komponenten in die Zelle einbauen zu können, zu verschieben, fertig entwickelte Zellen abzuspeichern usw. Für den Programmiermodul, d.h. für SP³R, wird aus einem speziellen Zellen-Layout, das in der Modellierphase erstellt wurde, das entsprechende Laufzeitmodell abgeleitet. Dieses Laufzeitmodell kann in der Programmierphase vom Anwender nicht mehr direkt modifiziert werden; es stellt die Basis für die SP³R-Steuerung zur Programmabarbeitung in der Zelle dar.

2.3.1 Dynamische Datenstrukturen zur Repräsentation der Zellstruktur mit ihren Komponenten

Bei der Programmierung der Fertigungszelle muß ein schneller Zugriff auf die laufzeitspezifischen Daten der Komponenten möglich sein, da diese Daten im Interpolationsraster der Bewegungen aktualisiert werden. Dieses Zeitraster bewegt sich im ms-Bereich. Es ist daher angebracht, das Modell zur Programmierung der Zelle mit Hilfe dynamischer verzeigerter Datenstrukturen aufzubauen, die einen effizienten Zugang zu den Laufzeitdaten jeder Komponente gewährleisten.

Die Topologiebeschreibung der Zelle sollte dabei von klassentypspezifischen Daten entkoppelt sein. Dieser Umstand wird durch die Verwendung einer universellen Komponentenbeschreibungsstruktur und die Zuordnung des klassentypspezifischen Datenblocks per Zeiger (Referenz) erreicht. Die Beschreibungsteile enthalten nur statische Daten, also keine zeitabhängigen Informationen. Daten, die durch den Programmablauf geändert werden, müssen in den dynamischen Listen zu den Komponenten eingetragen sein, siehe Kap. 2.3.3.

2.3.1.1 Struktur einer Komponente

Eine Komponente setzt sich aus universellem und klassentypspezifischem Beschreibungsteil zusammen.

2.3.1.1.1 Universeller Beschreibungsteil

Das folgende Diagramm zeigt den universellen Teil der dynamischen Datenstruktur einer Komponente:

```
Ptr_Prog_Komp  =  ^ Prog_Komp;
Prog_Komp  =  RECORD
```

Komp_Name:	*"ABC"*
Komp_aktiv:	*True / False*
Vorg_bezugs_frame:	*Matrix_4x4*
Vbf_zeitabh:	*True / False*
Koord_bew_folger:	*True / False*
Ptr_Aktive_Komp_L, Ptr_Vorg_Komp, Ptr_Nachf_Komp, Ptr_Next_Komp:	*^ Prog_Komp*

CASE Komp_Klasse OF
   (*Umw / Rob / Fzg / Sen / HKi / StO*):
    -- / Ptr_Rob / Ptr_Fzg / Ptr_Sen / Ptr_HKi / Ptr_StO	

```
       END;
```

Bild 2.12: Universeller Beschreibungsteil einer Komponente

Im folgenden sind die Einträge im einzelnen erläutert.

Allgemeine Komponentendaten:

Komp_Name:	Name der Komponente
Komp_Klasse:	Klassenzugehörigkeit
Komp_aktiv:	aktive oder passive Komponente

Bezug zum Vorgänger in der Zelltopologie:

Vorg_bezugs_frame: Frame, das die Lage relativ zur Vorgängerkomponente angibt (nur bei fester, d.h. zeitinvarianter Zuordnung)

Vbf_zeitabh: Flag zur Anzeige der Zeitabhängigkeit des Vorgängerbezugsframes

Koordinationsmodus:

Koord_bew_folger: Angabe, ob die Komponente als Bewegungsfolger im Koordinationsmodus betrieben werden kann.

Verweise auf andere Komponenten:

Ptr_Aktive_Komp_L: Zeiger für die lineare Liste der aktiven Komponenten

Ptr_Vorg_Komp,
Ptr_Nachf_Komp,
Ptr_Next_Komp: Zeiger zur Einordnung der Komponente in die Topologie (Baumstruktur) der Zelle: Vorgänger-, Nachfolger-, nächste Komponente auf gleicher Stufe

Verbindung zu den Komponentenklassenlisten:

Ptr_Rob / ... / Ptr_StO: Zeiger auf den typspezifischen Beschreibungsblock

Da Werkstücke aufgrund ihrer zeitabhängigen AFFIX-Relationen nicht in das topologische Modell der Zelle aufgenommen werden, existiert für sie nur der klassentypspezifische Teil.

2.3.1.1.2 Klassentypspezifischer Beschreibungsteil

Der Bezug vom universellen zum klassentypspezifischen Beschreibungsteil wird über den Verweis "Ptr_Rob / ... / Ptr_StO" hergestellt.

Für jede der Komponentenklassen existiert eine lineare Liste der Beschreibungsblöcke ihrer Komponenten, d.h. es gibt eine Liste "Roboter mit Effektor", eine Liste "Fahrzeug" usw.

bis zur Liste "statisches Objekt". Bild 2.13 veranschaulicht die Listen zu den Komponentenklassen. Ein Komponentenbeschreibungsblock enthält neben dem Rückverweis auf den universellen Teil "Prog_Komp" alle statischen Daten, die zur Befehlsausführung für eine Komponente dieses Typs benötigt werden. Für die Klasse "Roboter mit Effektor" sind das die Anzahl der Freiheitsgrade, Defaultwerte der Achsmaximalgeschwindigkeiten und -beschleunigungen, Roboter- und Effektortyp usw. Die Beschreibungsblöcke sind mit <Komp>_Prog_Block bezeichnet, wobei <Komp> ∈ {Rob, Fzg, Sen, HKi, Wst, StO}. Bild 2.14 zeigt die Struktur für die Komponentenklasse "Roboter mit Effektor".

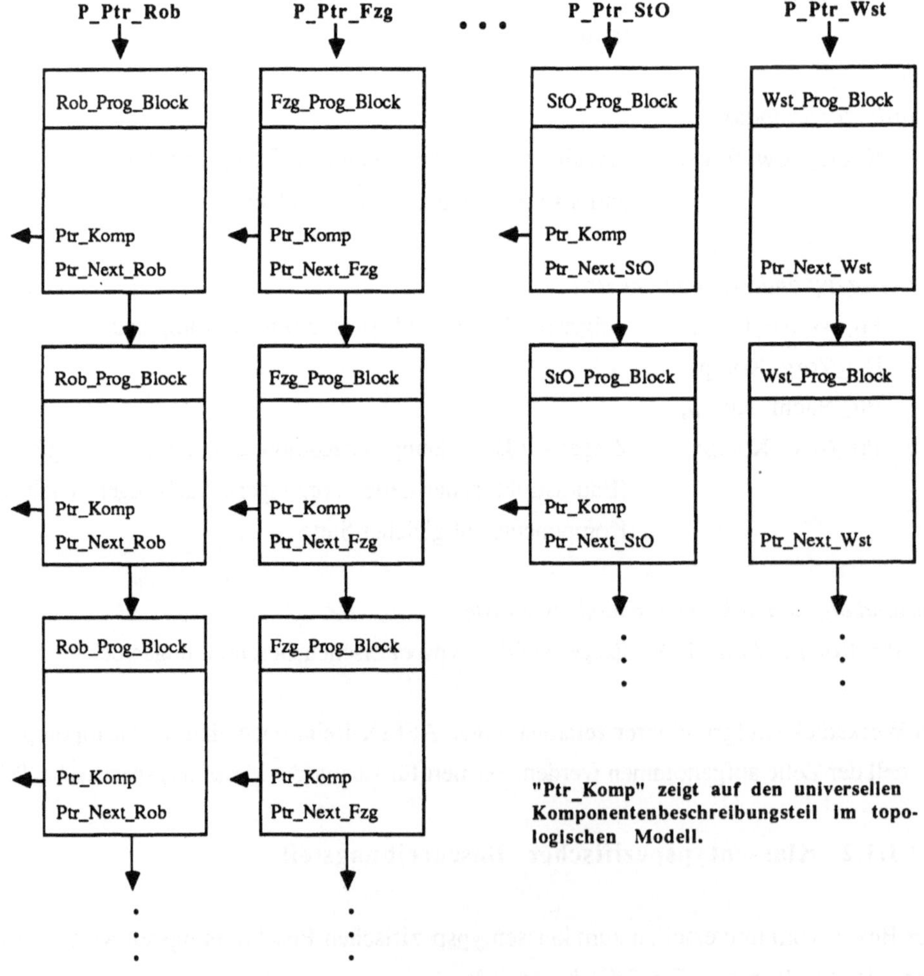

Bild 2.13: Komponentenspezifische Beschreibungslisten

Ptr_Rob_Komp = ^Rob_Komp;
Rob_Komp = RECORD

Rob_Typ:	*(Puma_260, Puma_600,*
	Kuka_161, Stanford, Mitsu_501,
	Bosch_800);
Rob_FHG:	*INTEGER;*
Typ_FHG:	*ARRAY [1..Max_Dof] OF*
	(Trans, Rot);
VMax_def,	
BMax_def:	*REAL;*
Achs_vmax_def,	
Achs_bmax_def:	*ARRAY [1..Max_Dof] OF REAL;*

$\vdots$

END;

Bild 2.14: Roboterspezifischer Beschreibungsteil

2.3.1.2 Verzeigerung der Komponenten

Die baumstrukturartige Topologie einer Roboterzelle wurde in Kap. 2.2.3 bereits diskutiert.
Bild 2.15 dokumentiert graphisch die Verbindung der Knoten des Topologiebaums mit den
klassenspezifischen Beschreibungslisten.

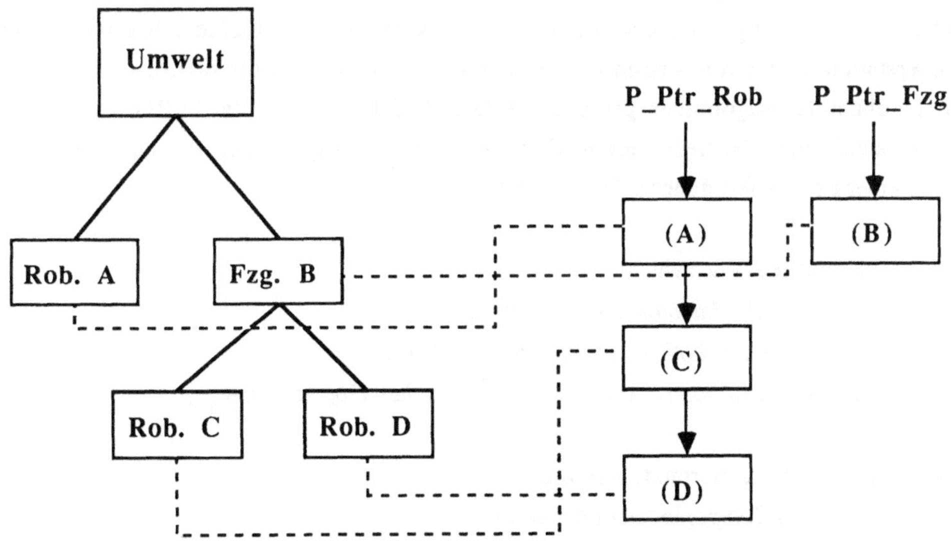

Bild 2.15: Zuordnung: Topologische / komponentenspezifische Beschreibungsstruktur

Zu jeder Komponente einer bestimmten Klasse kann direkt ihre Stelle in der Zelltopologie und umgekehrt zu jedem Knoten der Baumstruktur die typspezifischen Beschreibungsdaten gefunden werden.

Für Werkstücke wird aufgrund der sich ändernden AFFIX-Relationen durch den Programmfluß eine Sonderbehandlung durchgeführt. Es existiert keine Referenz zum topologischen Modell; vielmehr wird durch das zuletzt ausgeführte AFFIX-Kommando die aktuell gültige Stelle in der Zelltopologie definiert. Die AFFIX-Kommandos werden als fortlaufende Liste an das Werkstück angehängt.

Neben den Zeigern zur Repräsentation der Anordnung der Komponenten in der Zelle gibt es eine lineare Liste der aktiven Komponenten, die sich durch die Baumstruktur hindurchzieht (Zeiger Ptr_Aktive_Komp_L). Diese Liste der aktiven Komponenten wird von der Systemsteuerung dazu verwendet, alle zu programmierenden Objekte reihum zu bedienen und je Interpolationsschritt fortzuschalten. Durch die Liste ist die Reihenfolge bei der Programmierung und Simulation der Komponenten vorgegeben. Die Ausführung eines Interpolationsschrittes ist durch die Verwendung einer globalen Systemsteuerung sequentiell; aufgrund der geringen Schrittweite des Zeitrasters kann der Programmablauf der Komponenten aber als quasiparallel angesehen werden.

2.3.1.3 Ableitung des SP^{3}R-Modells aus den Datenstrukturen des Modellierprozesses

Vor der Programmierung einer Fertigungsanwendung muß in der Simulation zunächst ein Modell der Fertigungszelle erstellt werden. Das Modell stellt eine Abstraktion der Roboterstation in einem gewissen Detaillierungsgrad dar, der für die offline-Generierung von Handhabungsprogrammen geeignet ist. Die Modellierung erfolgt in ROSI mit Hilfe eines Modelliermoduls, siehe hierzu /Hor 86b/, der die entsprechenden Funktionen zum Aufbau einer Roboterfertigungszelle bereitstellt.

Zur Modellierung der Zelle zählen

- *die Gestaltung des Layouts der Arbeitszelle*
- *die Selektion von Robotern und Roboterperipherie*
- *das Design von Robotern, Werkstücken, statischen Objekten usw.*

Funktionen eines Modelliermoduls sind z.B.
- *Einbauen von Komponenten in die Zelle*
- *Modifikation des Umwelt- / Vorgängerbezugs einer Komponente*
- *Abspeichern / Einlesen fertig modellierter Zellen*

Nach der Phase der Modellierung liegt ein vollständiges Modell der Fertigungszelle vor, das die topologische Struktur widerspiegelt und alle an der Fertigungsanwendung beteiligten Komponenten enthält. Aus diesem Modell wird das für die Programmierung mit SP^{3}R benötigte, weiter oben beschriebene Modell abgeleitet.

Der Grund dafür, in der Programmierung nicht direkt das durch die Modellierung erstellte Modell zu verwenden, ist folgender:

In dem der Modellierung zugrundeliegenden Modell werden die Komponenten nach einem detaillierten relationalen Schema beschrieben, das zur Archivierung der Daten in Bibliotheken geeignet ist. Ein Roboter besteht hier aus einem Basisobjekt einer Objektklasse "Manipulator", n Objekten der Objektklasse "Achse" (n = Anzahl der Freiheitsgrade des Roboters) und einem Objekt der Klasse "Effektor" mit einer gewissen Anzahl an "Werkzeugen" (Greiferfinger bzw. Bearbeitungswerkzeug). Die Zuordnungen der Objekte zueinander, die schließlich die Zusammengehörigkeit zu einem Roboter beschreibt, wird mit Hilfe von Namen bzw. zur Programmlaufzeit mit Hilfe von Zeigerstrukturen realisiert. Das Basisobjekt "Manipulator" verweist dabei auf die 1. Achse des Roboters, die 1. Achse auf die 2. (Folge-)Achse usw.. Dieses Modell ist in Kap. 3.2.1 noch einmal erwähnt und anhand zweier Diagramme illustriert.

Die detailliertere Struktur ist für den Zugang durch die Programmierung, in der ja ein Roboter als eine einzige zu programmierende Komponente zu betrachten ist, nicht sehr effizient, da die Gelenkstellungen der Achsen des Roboters im Interpolationstakt, also im ms-Bereich, aktualisiert werden müssen. Außerdem benötigt die Programmierung temporäre Hilfsvariablen wie z.B. Bahnplanungskoeffizienten, Segmentzeiten, prozentual eingestellte Gelenkgeschwindigkeitswerte usw. für den Programmlauf, die zusätzlich zum Modell des Roboters zur Programmierung bereitstehen müssen.

Daher wird aus dem Modell der Modellierphase zu Beginn der Programmierung das SP^{3}R-Modell abgeleitet, auf dem alle Berechnungen zur Ausführung der programmierten Funktionen basieren.

Resultate des Programmierprozesses wie geänderte Komponentenpositionen oder Robotergelenkwinkel und strukturelle Veränderungen der Zelle wie das "Umhängen" eines Werkstücks beim Griff durch den Roboter, die durch entsprechende Programmierkommandos induziert werden, führen zu einer Aktualisierung der Referenzwerte in beiden Modellen durch die SP^{3}R-Steuerung, so daß nach der Abarbeitung eines Interpolationsschrittes der aktuelle Zellzustand konsistent in den Modellen vorliegt.

2.3.2 Modell zur Beschreibung der Beispielzelle

In den folgenden Diagrammen ist das SP^{3}R-Modell für die Beispielzelle aus Kap. 2.1 aufgezeichnet. Bild 2.16 zeigt die Topologie in der Zelle auf, Bild 2.17 enthält die nach Komponentenklassen geordneten Listen mit den typspezifischen Beschreibungsblöcken.

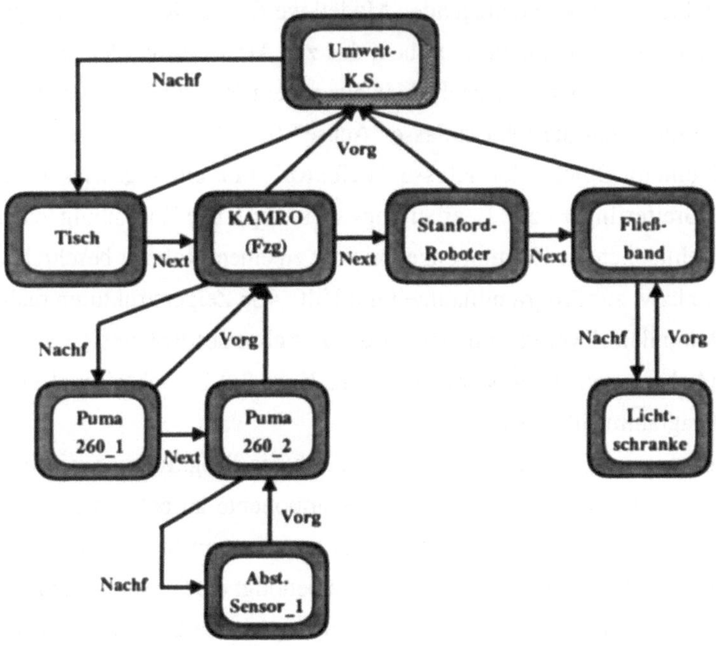

Bild 2.16: Topologie der Beispielzelle

2.3.3 Zuordnung der Programmierkommandos zu den Komponenten

Nach der Herleitung des SP^{3}R-Modells zur Programmierung soll nun auf die Zuordnung der Programmierkommandos zu den Komponenten eingegangen werden.

Nach der Modellierung einer Roboterzelle und dem Umschalten in den Programmodus liegt das Modell für die Programmierung der Zelle vor. Es enthält eine lineare Liste der aktiven, zu programmierenden Komponenten, denen einzelne Programmierbefehle zugeordnet werden müssen. Es genügt nicht, immer nur den aktuell gültigen Befehl bereitzuhalten und auszuführen; da das System über Möglichkeiten zum Zurücksetzen des Programmablaufs verfügen soll (siehe Kap. 2.4.3.3), müssen die programmierten Aktionen auch gespeichert werden.

Die Ausführung eines einzelnen Befehls geschieht durch zeitliche Interpolation. Aufgrund der Verschränkung der parallelen Aktionen wird es passieren, daß beim Zurücksetzen des Programmablaufs einzelne Komponenten auf einen bestimmten Interpolationszustand mitten in der Ausführung eines Befehls rückgesetzt werden müssen, d.h auch die Interpolationsinformation muß gespeichert werden.

Die Zuordnung dieser Ablaufinformationen zum Modell der Komponenten wird im folgenden beschrieben.

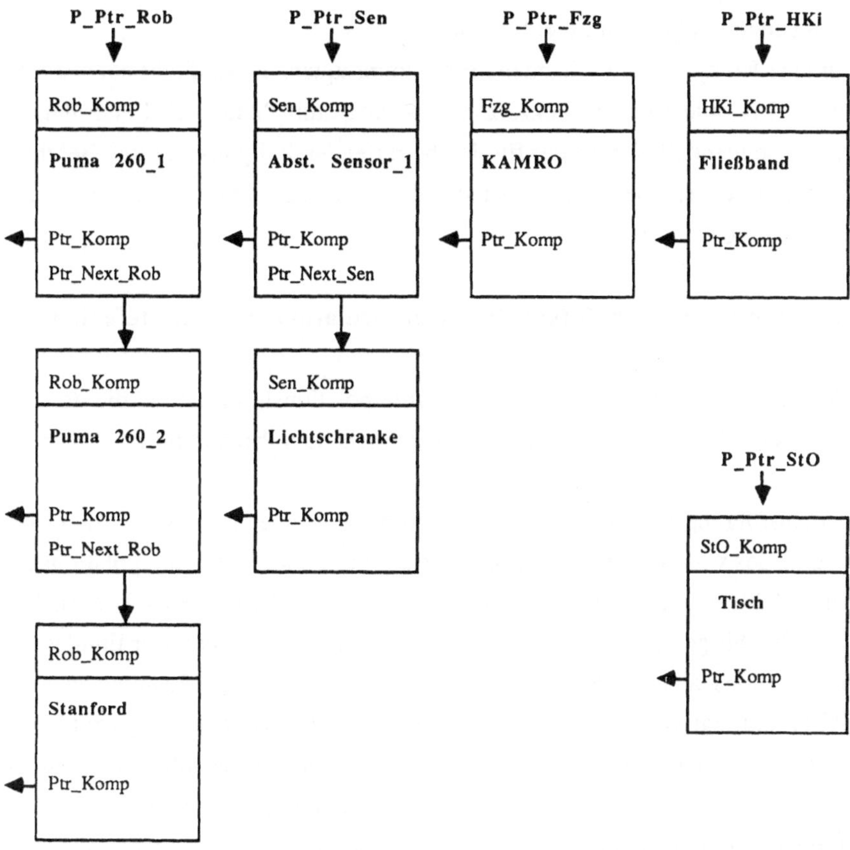

Bild 2.17: Typspezifische Beschreibungsblöcke
zur Beispielzelle

2.3.3.1 Anhängen der Befehlslisten an die Komponentenstrukturen

Bild 2.18 zeigt, wie die einzelnen Programmbefehle als Liste einer Komponente zugeordnet werden.

Jeder Programmierbefehl wird in Form eines Befehlsblocks gespeichert, der eine Kommandokennung zusammen mit den Befehlsparametern enthält. Die Folge der für eine Komponente eingegebenen Befehle wird in Form einer Liste solcher Befehlsblöcke angelegt. Ein Startzeiger verweist von der Komponente auf den Kopf der Liste, also den ersten auszuführenden Befehl, ein weiterer Zeiger auf den aktuell bearbeiteten Befehl, ein dritter auf den letzten gültigen Befehl, der für die Komponente definiert ist. Jeder Befehlsblock zeigt auf den ihm folgenden Befehlsblock.

Die für eine Komponente vorhandene Programmsequenz ist so direkt bei der Komponente verfügbar. Im Falle eines Zurücksetzens des Programmablaufs wird über den Startzeiger durch eine sequentielle Suche der für den betreffenden Zeitpunkt gültige Befehl gefunden. Zu diesem Zweck ist in jedem Befehlsblock die Ausführungsstartzeit gespeichert; sie bezieht sich auf die globale Systemreferenzzeit.

2.3.3.2 Zuordnung der Interpolationsinformation zu den Befehlen

Aus Bild 2.18 ist auch ersichtlich, wie die Interpolationsinformation, die der Ausführung des Befehls im diskreten Systemzeitraster entspricht, den Programmierbefehlen zugeordnet wird.

Vor der Ausführung eines Befehls hat die Komponente einen gewissen Zustand, der sich als Endresultat des vorher ausgeführten Befehls ergibt. Dieser letzte Interpolationszustand des vorigen Befehls ist gleichzeitig Anfangszustand des aktuellen Befehls. Die Ausführung des aktuellen Befehls geschieht mit Hilfe des Komponenten-Emulators. Der Emulator berechnet die Interpolationsdaten (im Falle eines Fahrzeugs ist das die neue Position des Fahrzeugs in der Zelle) und legt auch die Dauer der Ausführung des Befehls (Segmentzeit) fest. Die berechneten Interpolationsdaten werden wie die Befehlsblöcke selbst in Form einer Liste angelegt. Jeder Befehlsblock verfügt über drei Zeiger auf den ersten, den aktuellen und den letzten Interpolationsdatenblock. Die Systemzeit ist als Attribut im Interpolationsdatenblock enthalten.

Durch das Anlegen einer Liste der Interpolationsinformation und die Verzeigerung vom Befehlsblock zur Interpolationsinformation können die zu einem bestimmten Zeitpunkt gültigen und zu einem bestimmten Befehl gehörigen Interpolationsdaten einer Komponente leicht gefunden werden.

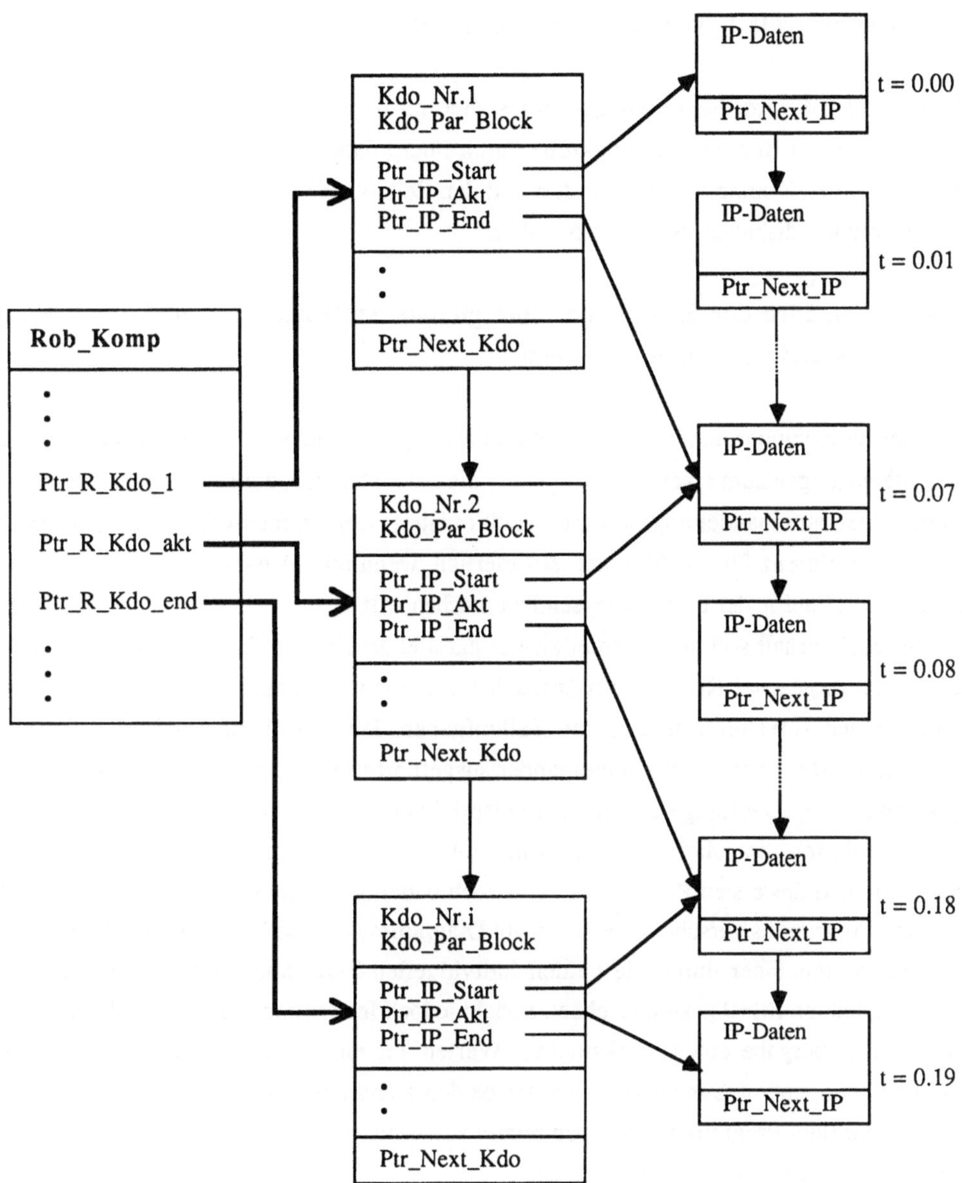

Bild 2.18: *Zuordnung von Befehlslisten und Interpolationsinformation zu den Komponenten*

2.4 Die zentrale Systemsteuerung in SP^{3}R

In Kapitel 2.4 wird die zentrale Systemsteuerung beschrieben, die die programmierten Aktionen in der Roboterfertigungszelle durch Interpolation ausführt, Programmierbefehle für die aktiven Komponenten anfordert und den Zeitablauf in der Zelle auf der Basis einer Systemzeit mit diskretem Raster fortschaltet.

2.4.1 Die Idee der Zeitschnur: eine globale Systemzeit mit diskretem Raster als Referenz aller Aktionen

In einer Betrachtungseinheit wie einer Roboterfertigungszelle, in der verschiedene Aktionen wie Bewegungen zum einen unabhängig voneinander ablaufen, zum anderen zu bestimmten Zeitpunkten aufeinander abgestimmt (synchronisiert) werden müssen, ist eine globale Zeit (Uhr) als Referenz für die Aktionen erforderlich, wenn man Aussagen über den gesamten zeitlichen Ablauf in der Betrachtungseinheit machen will.

Dieser Sachverhalt soll am Beispiel zweier parallel arbeitender Roboter erläutert werden. Bild 2.19 zeigt zwei Roboter mit (zunächst voneinander unabhängigen) Handhabungsprogrammen zur Durchführung von Teilaufgaben. Die einzelnen Befehlsschritte eines Programms, die unmittelbar hintereinander ausgeführt werden, sind durch vertikale Balken gekennzeichnet. Die Länge des Balkens entspricht der Ausführungsdauer des Befehls. Hier liegen lediglich die relativen Ausführungszeiten jedes einzelnen Programmes fest; der Startzeitpunkt des ersten Programms kann noch beliebig gegenüber dem Startzeitpunkt des zweiten Programms verschoben werden. Im Diagramm ist diese Unabhängigkeit der beiden Roboter voneinander durch die beiden individuellen Zeitschnüre mit unterschiedlichen Startzeitpunkten t(i)=0 gekennzeichnet. Sobald jedoch Interaktionen zwischen den Robotern auftreten (Übergabe eines Werkstückes, Warten auf eine Fertigmeldung), ergeben sich Zeitbedingungen zur Synchronisation der beiden Handhabungsprogramme; die Startzeitpunkte einzelner Programmteile liegen relativ zueinander fest, so daß für beide Roboter eine gemeinsame Zeitreferenz erforderlich ist.

Erweitert man die Betrachtung auf mehr als zwei aktive Komponenten, erweist es sich als sinnvoll, eine globale Systemzeit einzuführen, auf die sich alle Aktionen beziehen. Durch Angabe einer Absolutzeit als Parameter in einem Wartebefehl kann eine nachfolgende Programmsequenz für einen Roboter relativ zu dieser globalen Systemzeit gestartet werden.

Die Systemzeit dient als einheitliche Zeituhr für alle Abläufe in der Roboterzelle. Bildlich gesehen kann man sich das Fortschreiten der Zeit in der Roboterzelle vorstellen als eine Ausführung von Komponentenaktivitäten entlang einer Zeitschnur. Die Systemzeit wird zur

Interpolation in diskreten, äquidistanten Schritten, also mit Hilfe eines Taktes weitergeschaltet.

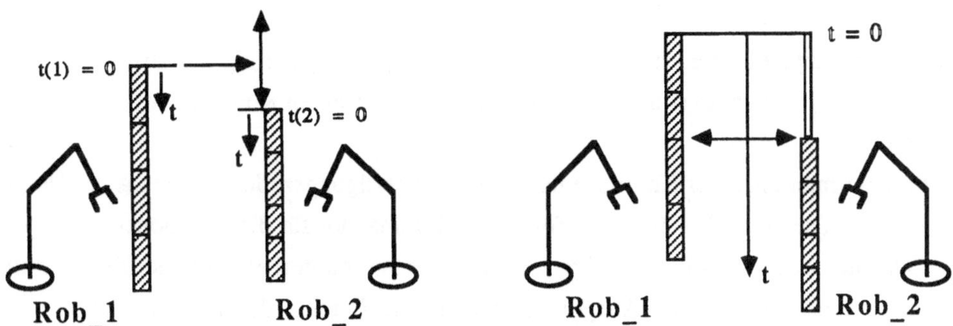

Bild 2.19: Zeitlich unabhängige (links) / abhängige (rechts) Programme zweier Roboter

Die Diskretisierungsweite Δt bewegt sich im ms-Bereich. In dieser Größenordnung liegen auch die Zeiten bei der Ansteuerung der Gelenkregler eines realen Roboters (das Interpolationszeitraster bei einem Puma 260-Roboter mit VAL-Programmiersystem beträgt z.B. 28 ms). Damit genügt die Auflösung den Anforderungen an eine exakte Simulation einer Roboterstation.

Das Zeitraster ist für alle Komponenten in der Fertigungszelle einheitlich. Im Prinzip wäre es auch möglich, für jede Komponente ein eigenes individuelles Zeitraster festzulegen. Für Funktionen wie ein Betreiben von Komponenten im Koordinationsmodus oder einen Test auf Kollisionen ergäben sich hieraus jedoch Schwierigkeiten, da in diesem Fall sogar die Interpolation der Bewegungen zueinander verschränkt ablaufen würde. Zu einer beliebigen Systemzeit t_x lägen dann nicht mehr für alle Komponenten exakte, zu diesem Zeitpunkt gültige Laufzeitdaten vor. Daher wird hier für den Simulationslauf auf individuelle Interpolationsraster der Komponenten verzichtet.

Durch die Softwareemulation der Komponenten und die Umsetzung der (universellen) Programmiersprache der Simulation auf einen spezifischen Steuercode, der von der Steuerung der realen Komponente ausgeführt wird (siehe auch Kap. 2.2.1, "Roboter mit Effektor") ergeben sich ohnehin geringfügige Unterschiede in der Ausführung der Aktionen zwischen Simulation und Realität. Dieser Sachverhalt ist aber charakteristisch für jede Simulation schlechthin, da Simulation immer auf einem Modell basiert, das die Realität nur bis zu einem gewissen Detaillierungsgrad wiedergeben kann.

Bild 2.20 zeigt exemplarisch die Referenz der programmierten Aktionen dreier Komponenten auf die globale Zeitschnur mit ihrem diskreten Raster und die Ausführung der Aktionen durch Interpolation.

58

2.4.2 Verwaltung und Fortschaltung der aktiven Komponenten in jedem Interpolationsschritt

Nach der prinzipiellen Beschreibung der zentralen Systemsteuerung mit Hilfe einer Zeitschnur im vorigen Kapitel soll nun die Bedienung der einzelnen Komponenten näher erläutert werden.

Die Programmierung einer Komponente der Roboterfertigungszelle besteht aus der Definition einzelner, sequentiell aufeinanderfolgender Kommandos für die Komponente. Für jede Komponentenklasse existiert ein eigener Satz an Programmierbefehlen, der der Funktionalität der Klasse entspricht. Ausgeführt werden die Befehle durch Interpolation unter Verwendung entsprechender Emulatoren.

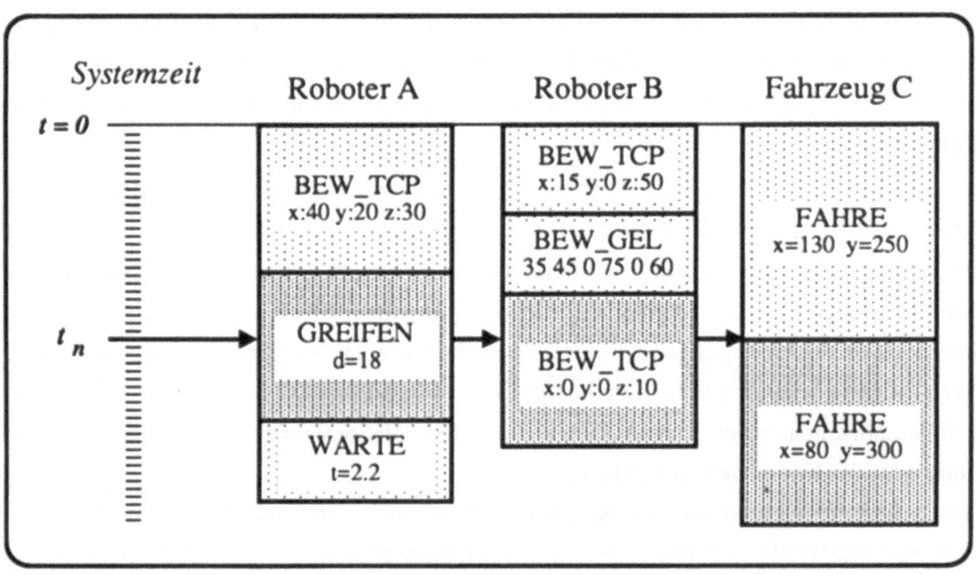

Bild 2.20: Referenz dreier Komponenten auf die globale Zeitschnur

Mit jedem Takt der globalen Systemzeit muß die Komponente einen Interpolationsschritt weitergeschaltet werden, was durch Einsetzen der aktuellen Zeit in parametrisierte Funktionen zur Beschreibung der Komponentenbewegung erreicht wird. Im Falle eines Roboters sind das Bahnplanungsgleichungen, die bei einer kartesischen Bewegung die neue Position und Orientierung des TCP berechnen. Das so berechnete TCP - Frame wird in den Laufzeitdaten, die alle zeitabhängigen Informationen über den Zustand das Roboters enthalten, eingetragen; damit ist der Roboter einen Interpolationsschritt fortgeschaltet worden.

Die Berechnungen müssen in einem Zeittakt für alle aktiven Komponenten durchgeführt werden. Hierzu wird die Liste der aktiven Komponenten, die im SP^3R-Modell verfügbar ist (siehe Kap. 2.3.1), sequentiell durchgearbeitet. Komponenten, die auf ein Signal einer anderen Komponente warten (siehe Kap. 2.6, Synchronisation), werden dabei entsprechend den vorliegenden Kanalsignalen bedient.

Nach der Ausführung des Interpolationsschrittes für die letzte Komponente der Liste ist die ganze Zelle einen Zeittakt weitergeschaltet worden. An dieser Stelle können Algorithmen zur Überprüfung des Zellzustandes wie z.B. ein Kollisionstest einsetzen. Außerdem müssen Aktualisierungen vorgenommen werden, die durch den Abschluß von Komponentenaktionen erforderlich geworden sind. Die "AFFIX"-Beziehung eines Werkstückes muß abgeändert werden, falls der aktuelle Interpolationsschritt der letzte bei einer Greifbewegung durch den Effektor eines Roboters war (Umhängen des Vorgängerbezugs des Werkstücks an den greifenden Roboter bzw. dessen Effektor). Die Änderung der AFFIX-Beziehung wird durch einen expliziten systemseitigen AFFIX-Befehl hervorgerufen. Es kann jedoch eine Zuordnung dieser AFFIX-Anweisung zur auslösenden Komponentenaktion mit Hilfe von Zeitmarken gemacht werden. Siehe hierzu Kap. 2.5 und Kap. 3.2.2.4.

Nach der Fortschaltung der Systemzeit um einen Zeittakt mit den oben beschriebenen Funktionen zur Interpolation und zum "Update" von Zellzustandsvariablen sowie der Aktualisierung der graphischen Information auf dem Bildschirm ist die Roboterzelle in ihren neuen, der Systemzeit entsprechenden Simulationszustand überführt worden. Auf diesem Zustand kann der nächste Interpolationszyklus aufsetzen.

2.4.3 Steuerung des Programmablaufs

Nach der Beschreibung der Zeitsteuerung in der Roboterzelle mit Hilfe einer globalen Zeitschnur und der Erklärung des Prinzips der Reihumbedienung aller aktiven Komponenten soll nun auf die Verwaltung, Zuordnung und Anforderung der Programmierbefehle für die Komponenten, die ja den Ablauf in der Zelle bewirken, eingegangen werden.

Die Aktionen der Komponenten werden vom Anwender durch entsprechende Programmiersequenzen vorgegeben. Der Systemsteuerung fällt hierbei die Aufgabe zu, einzelne Programmierkommandos für eine Komponente anzufordern, an die Liste der Kommandos dieser Komponente anzuhängen und durch Interpolation auszuführen. Da die Systemzeit und damit der Programmablauf später für Korrekturen zurückgesetzt werden können, muß die Programmierinformation in der Liste gespeichert bleiben. Die Eingabe von Kommandos soll entweder direkt im Dialog mit dem Anwender, also interaktiv geschehen, oder aber es sollen vordefinierte Programmstücke in einer Art "Batchmode" aus Dateien gelesen werden können.

2.4.3.1 Anforderung neuer Programmierbefehle im Programmdefinitions-modus

In Kapitel 2.4.2 wurde beschrieben, wie die Komponenten durch Interpolation in der Ausführung ihrer Funktionen fortgeschaltet werden. Für den Fall, daß der letzte Interpolationsschritt eines Kommandos durchgeführt wurde, muß der nächste Befehl interpretiert sowie mit seiner Ausführung begonnen werden. Liegt für eine Komponente kein solcher Befehl vor, muß die Systemsteuerung aus dem Simulationsmodus in den Programmdefinitionsmodus umschalten, um neue Kommandos anzufordern. Es wäre ansonsten ja nicht klar, was die Komponente im nächsten Interpolationsschritt tun soll. Soll sie nichts tun, muß für sie ein Befehl "Warten - Wait" mit einer bestimmten Zeitdauer oder bis zum Eintreten eines bestimmten Ereignisses definiert werden. Soll die Komponente für den Rest des Programmablaufes keine Aktionen mehr ausführen, kann sie durch einen Befehl "Stop_Programm" inaktiviert werden.

Es muß folglich zu jedem Zeitpunkt bekannt sein, was eine aktive Komponente im nächsten Interpolationsschritt tun soll. Neue Befehle können auf zwei Arten eingelesen werden:

- *Dialogmode:*   interaktive Definition durch den Anwender
- *Batchmode:*   Lesen des Befehls von einer Datei

2.4.3.1.1 Spezifikation eines neuen Befehls im Dialog

Im interaktiven Modus zur Definition neuer Programmierbefehle gibt der Anwender das nächste auszuführende Kommando im Dialog mit dem System ein. Hierfür wird der menügesteuerte Dialog von ROSI verwendet (siehe Kap. 3.2.1).

Nach der Auswahl der Funktionsgruppe für die Klasse der gerade zu programmierenden Komponente bietet das System in einem Untermenü alle möglichen Funktionen zur Programmierung der Komponente an. Nach der Selektion des gewünschten Kommandos wird ein Formular geöffnet, das entsprechende Felder zur Definition von Parametern und Optionen zum Befehl enthält. Durch das Eintragen der Parameter bzw. die Übernahme von Defaultwerten und die Auswahl der Optionen wird das Kommando vollständig spezifiziert.

Die Programmiersteuerung hängt das Kommando an die Befehlsliste der Komponente an; anschließend kann das nächste Kommando eingegeben werden.

2.4.3.1.2 Lesen vordefinierter Befehlssequenzen

Um die Befehle nicht immer interaktiv der Reihe nach eingeben zu müssen, besteht auch die Möglichkeit, vordefinierte Befehlssequenzen von einer Datei zu lesen. Das ist besonders dann von Interesse, wenn für eine Komponente der Zelle bereits einmal eine Programmsequenz definiert und simuliert wurde, die jetzt in ein anderes Programm integriert werden soll. Anstelle des nächsten auszuführenden Kommandos gibt der Anwender in diesem Fall einen Befehl "Lesen Programmsequenz" mit dem Namen der Datei an, unter der die Programmsequenz zu finden ist. Die Programmiersteuerung liest die nächsten Kommandos für die Komponente sequentiell aus der Datei, bis das Dateiende erreicht ist, und fordert erst dann wieder vom Anwender den nächsten Befehl an. Die Kommandodatei enthält die einzelnen Befehle sowohl als Text in lesbarer Form als auch in interpretierter Form zur direkten Ausführung durch die Programmiersteuerung.

2.4.3.2 Befehlsausführung im Simulationsmodus

Ein Programmbefehl für eine Komponente, der zur Ausführung gebracht werden soll, wird von der SP^{3}R - Steuerung interpretiert und durch Interpolation auf Basis des Systemtakts auf diese Komponente angewendet.

Bei der Interpretation wird überprüft, ob der Befehl im Kontext des schon abgearbeiteten Programms zulässig ist und ob die Parameter zum Befehl erlaubte und ausführbare Werte annehmen. Ist keine Zeitdauer zum Befehl angegeben, wird die Ausführungszeit mit Hilfe von Emulationsroutinen der Komponente berechnet, sofern dies möglich ist. Aus den vorgegebenen Parametern wird zusammen mit den aktuell gültigen Zustandsdaten der Komponente alle Information berechnet, die zur Ausführung des Befehls benötigt wird.

Die Ausführung selbst geschieht durch Interpolation des Befehls in diskreten Zeitschritten so wie in Kap. 2.4.2 beschrieben. Ist der letzte Interpolationsschritt eines Befehls für eine Komponente ausgeführt worden, so ist der ganze Befehl abgearbeitet, und die Programmiersteuerung lädt und interpretiert den nächsten Befehl.

2.4.3.3 Zurücksetzen des Programmzeigers um die minimal erforderliche Zeitdifferenz

Ein wichtiges Kriterium beim Entwurf von SP^3R war die Bereitstellung einer Möglichkeit, den Programmablauf in der Fertigungszelle nicht nur sequentiell weiterzuführen oder neu von Anfang an zu starten, sondern auch auf definierte Aufsetzpunkte zurücksetzen zu können.

Dahinter steht folgende Überlegung: Beim Entwurf längerer Programme in komplexeren Roboterzellen können zu einem bestimmten Zeitpunkt t_x Fehler auftreten, die es erforderlich machen, den Programmablauf zu korrigieren. Ein Zurücksetzen auf den Programmanfang, d.h. ein erneuter vollständiger Simulationslauf mit Startzeit t=0, ist dabei nicht wünschenswert, da große Teile des Programms, die korrekt abliefen, unnötigerweise wiederholt werden müssen. Wesentlich effizienter im Hinblick auf den Programmentwicklungsaufwand ist ein Zurücksetzen des Programmzeigers um die minimal erforderliche Zeitdifferenz auf einen Zeitpunkt t_r, der zur Korrektur der Programme gerade ausreicht. Das Programm kann ab diesem Zeitpunkt modifiziert und in neuer Form simuliert werden.

Dieses Zurücksetzen des Programmablaufs ist allerdings mit einem relativ hohen Aufwand verbunden. Da die Aktionen der Komponenten zeitlich verschränkt zueinander ablaufen, ist es in der Regel nicht möglich, Zeitpunkte zu identifizieren, bei denen jede Komponente am Anfang eines neuen Befehls steht; die Komponenten müssen vielmehr auf Interpolationszustände mitten in der Ausführung eines Befehls gesetzt werden. Das setzt voraus, daß zu jeder Komponente nicht nur die Historie der Programmbefehle verfügbar ist, sondern auch die komplette dynamische Laufzeitinformation für jeden Interpolationsschritt. Für eine Komponente des Typs "Roboter" zählen zu dieser Laufzeitinformation TCP-Position, Geschwindigkeit und Beschleunigung, Gelenkwerte, -geschwindigkeiten und -beschleunigungen und die relative Ablaufzeit im Bewegungssegment.

Beim Zurücksetzen des Programmablaufs werden die folgenden Aktionen durchgeführt :

- Identifikation eines Rücksetzzeitpunktes t_r auf der Zeitschnur.
  Die Identifikation kann auf verschiedene Arten erfolgen:
    1. Angabe einer absoluten Systemzeit t_r
    2. Angabe einer relativen Zeitdifferenz $-\Delta t$
    3. Rücksprung auf eine Zeitmarke (Label), die im Verlauf des Programmes gesetzt wurde

- Zurücksetzen aller Programmzeiger der Komponenten auf den zu diesem Zeitpunkt t_r gültigen Befehl. Nach der Identifikation des Zeitpunktes kann mit Hilfe der Zeiteinträge in der Liste der Komponentenbefehle der gültige Befehl gefunden werden.

- Setzen der Interpolationszeiger und Komponentenzustände auf den Zeitpunkt t_r.

- AFFIX - Beziehungen von Werkstücken können sich in der Zeitspanne zwischen Aufsetzzeitpunkt t_r und aktueller Zeit t_x geändert haben. Hier muß ebenfalls der zum Zeitpunkt t_r gültige Vorgängerbezug wiederhergestellt werden.

- Kanäle und Ereignisobjekte zur Synchronisation von Komponenten hatten zum Zeitpunkt t_r logische Zustandswerte, auf die sie zurückgesetzt werden müssen. Der Koordinationsstatus der Komponenten kann sich ebenfalls geändert haben. Siehe zu diesen beiden Punkten Kap. 2.6 und 2.7.

- Akualisierung von Systemzeit, Protokollierung und graphischer Ausgabe.

Nach dem Zurücksetzen der gesamten Roboterzelle kann mit der Programmausführung zum Zeitpunkt t_r fortgefahren werden. Die zu diesem Zeitpunkt auszuführenden Befehle müssen zuende interpoliert werden. Nach Abschluß eines Befehls kann ein neuer Befehl eingegeben werden, durch den der Programmablauf modifiziert wird. Bei Komponenten, für die keine Korrektur durchgeführt werden muß, kann auch die schon definierte Programmsequenz wieder übernommen werden, um dem Anwender unnötige Doppelarbeit zu ersparen.
Durch einen derartigen Mechanismus zum minimalen Zurücksetzen des Programmzeigers wird dem Programmierer der Roboterzelle ein hohes Maß an Bedienkomfort geboten. Da es bei größeren Roboteranwendungen unvermeidlich ist, Programme iterativ durch Ausprobieren und Variation von Parametern zu entwickeln, ist der dazu erforderliche Aufwand von entscheidender Bedeutung. Hier bietet ein Systemkonzept wie in SP^3R mit einer interpretativen Kommandosprache und den beschriebenen Rücksetzmechanismen Vorteile gegenüber Compilersprachen, bei denen das Programm editiert, compiliert und noch einmal ganz von Anfang an ausgeführt (simuliert) werden muß.

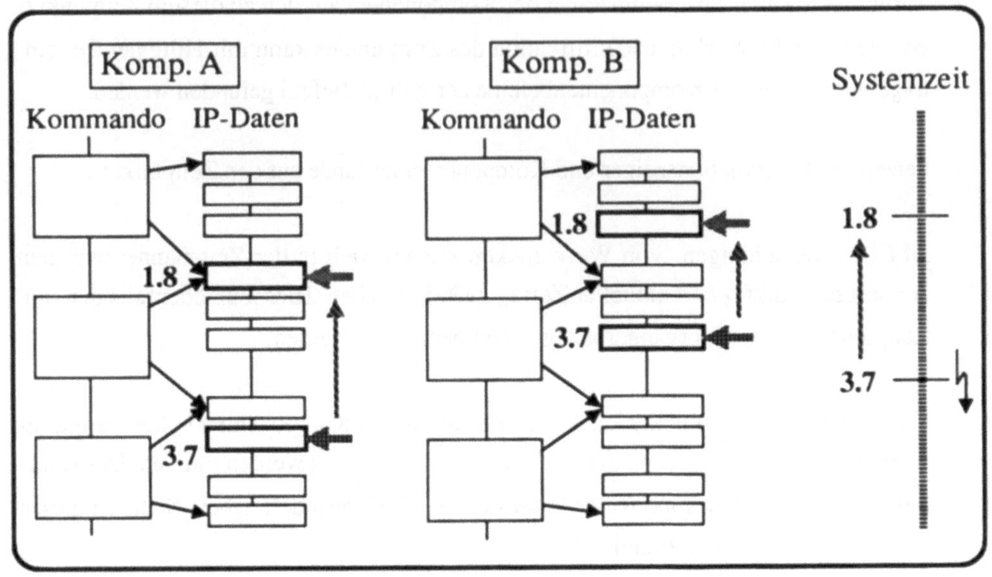

Bild 2.21: Zurücksetzen des Programmzeigers um eine Zeitdifferenz

2.5 Programmierfunktionen für die Komponentenklassen

Nachdem Systemmodell und -steuerung von SP^3R beschrieben sind und die Abarbeitung
und Zuordnung von Programmierbefehlen prinzipiell geklärt ist, soll auf die Programmierfunktionen für die Komponentenklassen eingegangen werden. Die möglichen Programmierkommandos zu den Klassen werden hier in Form von Befehlsgruppen mit Syntax und
Parametrisierungsmöglichkeiten beschrieben.

Ausgangspunkt bei der Zusammenstellung der Programmierbefehle ist die in Kap. 2.2
beschriebene Einteilung der Zellkomponenten in Klassen. Jede Klasse zeichnet sich durch
eine für sie typische Funktionalität aus. Die Funktionalität drückt sich in dem Satz an
Programmierkommandos aus, der zu jeder Klasse definiert ist und auf jede Komponente aus
der Klasse angewendet werden kann. Wird eine neue Komponente einer Klasse modelliert
(d.h. für die Simulation definiert), stehen für diese Komponente die Klassenfunktionen zur
Programmierung zur Verfügung. Durch diese Vorgehensweise wird es vermieden, die
Programmierschnittstelle des Systems ständig modifizieren und erweitern zu müssen.

Natürlich haben die verschiedenen Komponenten einer Klasse individuelle Charakteristika
bei der Ausführung der Funktionen. Dieses Funktionsverhalten einer Komponente spiegelt
sich jedoch nicht in den Programmierfunktionen, sondern in dem individuellen Emulator
wider, der bei der Ausführung eines Kommandos zur Nachbildung des Komponenten-
verhaltens aktiviert wird. Hierzu ein Beispiel: das Bewegungskommando "Bewege zu
Frame Fr1, Bahntyp CP" ist syntaktisch für zwei verschiedene Roboter genau gleich. Die
Ausführung des Kommandos (prinzipielle Durchführbarkeit, Erreichbarkeit des Zielframe,
Zeitdauer des Bewegungssegments, maximale kartesische Geschwindigkeit im Segment)
kann jedoch sehr verschieden sein. Da eine Komponente auch einen eingeschränkten Funktionssatz haben kann, können einzelne Befehle der Komponentenklasse mit Hilfe der Emulation gänzlich verboten werden; d.h. die für eine Komponente zugelassenen Programmierbefehle sind eine Untermenge der zur Klasse definierten Befehlsmenge.

2.5.1 Individuelle Funktionssätze für jede Klasse

Im folgenden werden die zu den Komponentenklassen definierten Programmierfunktionen
in einer Übersicht aufgelistet. Neben den klassenspezifischen Kommandos existieren auch
allgemeine Befehle, die von jeder beliebigen Komponente ausgeführt werden können. Sie
finden sich am Ende des Kapitels 2.5.1.

I. Roboter mit Effektor

Maßgeblich für die Programmierung eines Roboters sind die Bewegungen und Aktionen des TCP, durch die der Roboter Funktionen in der Fertigungszelle ausführt. Mit Hilfe kartesischer oder gelenkspezifischer Bewegungsbefehle kann die räumliche Lage des TCP verändert werden. Grundlage für die Bewegungsplanung bilden voreingestellte Geschwindigkeits- und Beschleunigungsmaximalwerte, die durch Set Up - Befehle programmtechnisch verändert werden können. Mit Hilfe von Effektoraktionen können Werkstücke manipuliert werden. Zur Synchronisation und Bewegungskontrolle dienen Befehle unter Signalkontrolle, die bis zum Eintreten eines Ereignisses ausgeführt werden. Für ein Arbeiten im Koordinationsmodus sind Synchronisier- und Offsetbewegungsbefehle erforderlich. Hieraus ergeben sich die folgenden Gruppen an Kommandos für die Komponentenklasse "Roboter mit Effektor":

I.1 Roboterbewegungsbefehle:

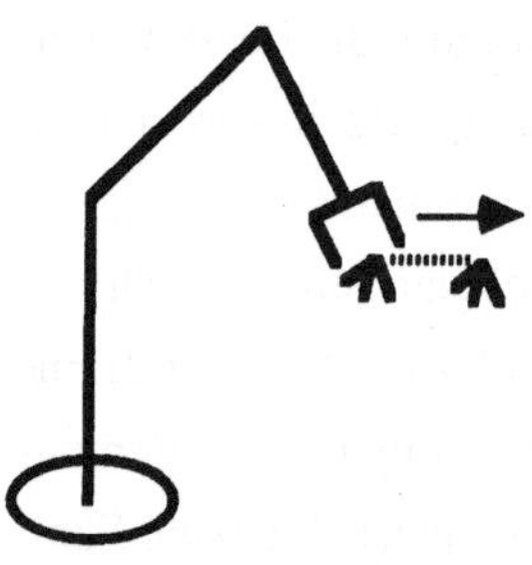

a) kartesisch :   [**Bew_TCP**]

("Bewege zu Zielframe/-position")

Der TCP des Roboters wird kartesisch in ein neues Frame/ eine neue Position überführt. Bei "Position" wird die aktuell gegebene Orientierung beibehalten, bei "Frame" eine neue Orientierung eingestellt. Die Interpolation der Bewegung erfolgt kartesisch oder gelenkspezifisch.

Parameter: Zielframe/-position als Variable oder numerisch, Bahntyp (Punkt-zu-Punkt / geradlinige / polynomiale / Kreis- / Sinusbahninterpolation mit verschiedenen Geschwindigkeitsprofilen), optional Zeit und Geschwindigkeitsvorgaben, variable Bezugskoordinatensysteme

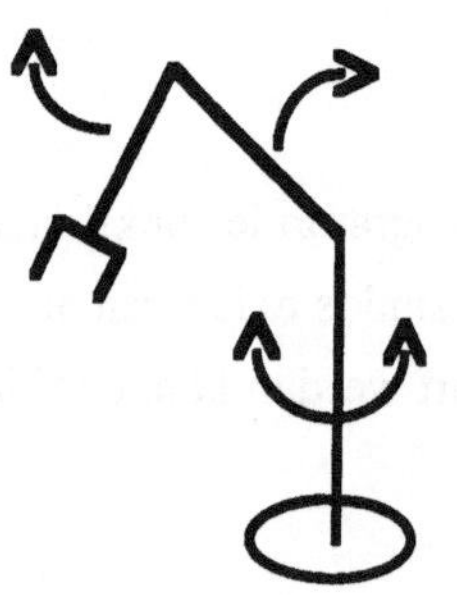

b) gelenkspezifisch :   [**Bew_Gel**]

("Bewegung der Gelenke")

Ein einzelnes / mehrere Gelenke des Roboters werden auf absolute / um relative Werte bewegt. Die Interpolation der Bewegung erfolgt im Gelenkraum.

Parameter:

(Gelenknummer), Gelenkwert(e), Bahntyp (Geschwindigkeitsprofil der Gelenkbahn), optional Zeitvorgabe

I.2 Set -Up Befehle   (Setzen von Geschwindigkeits (v)- und Beschleunigungswerten (b))

a) Kartesisch : [**Setup v**] / [**Setup b**] Wert
Der Maximalwert für die kartesische Geschwindigkeit / Beschleunigung wird modifiziert.

b) gelenkspezifisch : [**Setup_Gel_v**] / [**Setup_Gel_b**] Werte
Gelenkspezifische Maximalwerte werden modifiziert.

c) allgemein : [**Setup_Speed**] Wert
Kartesische <u>und</u> gelenkspezifische Größen werden auf einen prozentualen Wert gesetzt.

I.3 Effektoraktionen

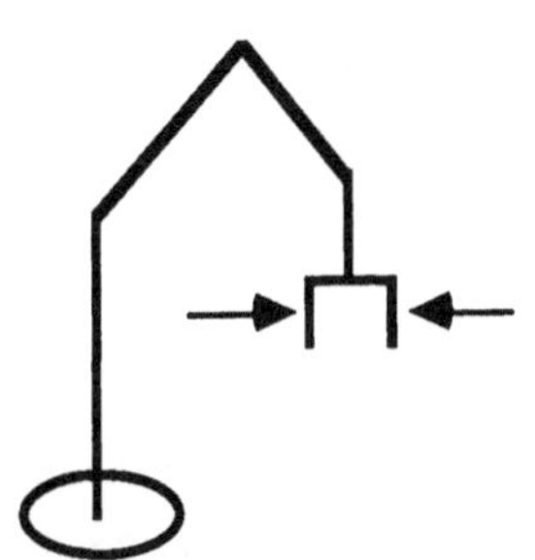

[**Eff_Aktion**]
("Effektor aktivieren")
Der Effektor des Roboters führt eine Aktion aus. Im Falle eines Greifers ist das das Öffnen und Schließen der Greiferfinger und gegebenenfalls das Greifen bzw. Loslassen eines Werkstückes.

Parameter: Effektordistanz
  optional: die einzustellende Distanz wird aus einem Werkstückattribut ausgelesen

I.4 Roboter- / Effektor- Synchronisationsbefehle

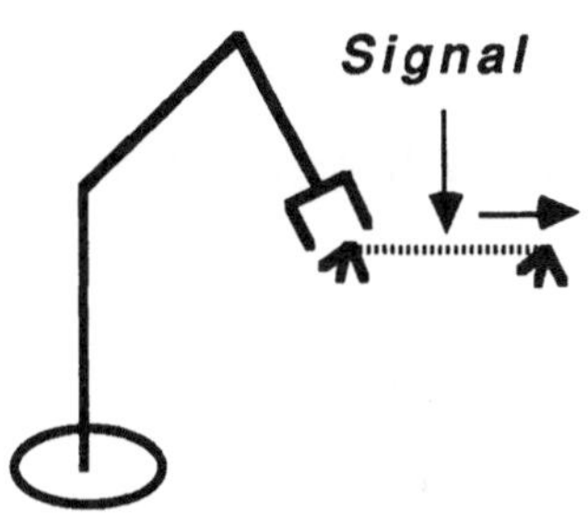

[**Bew_TCP_Signal**]
("Bewege zu Frame mit Signalkontrolle")
Der Roboter bewegt sich auf ein Zielframe zu; bei Eintreffen eines Signals wird die Bewegung gestoppt.
Parameter: wie bei kart. Bewegung + Name (Kanalsignal)

[**Eff_Akt_Signal**]
("Effektoraktion mit Signalkontrolle")
Der Effektor führt eine Aktion aus; beim Eintreffen eines Signals wird die Aktion angehalten.
Parameter: wie bei Eff_Aktion + Name (Kanalsignal)

1.5 Roboter im Koordinationsmodus

[Koord_bereit]
("Melde bereit für Koordination")
Der Roboter meldet sich bereit für eine koordinierte Bewe-
gung.
Parameter: Name (Koordinationsobjekt)

[K_Sync_Bew]
("Synchronisierbewegung")
Der TCP des Roboters wird auf die lineare Bewegungsge-
schwindigkeit des Master-Frames der Koordination synchronisiert.
Parameter: (dx,dy,dz) Distanz des Zielframes vom Koordinationsframe; t_{max} maximale Zeitdauer der Synchronisierbewegung

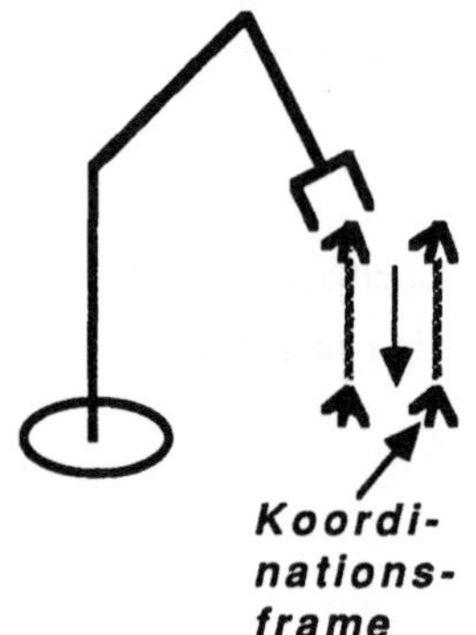

[K_Offset_Bew]
("Offsetbewegung")
Der Roboter als Koordinationsfolger führt eine Offsetbewe-
gung relativ zur Master-Bewegung der Koordination aus.
Parameter: (dx,dy,dz) Distanz relativ zum aktuellen
TCP, t_{max} Maximalzeit bei impliziter Koordination;
optional: keine Offsetangabe bei expliziter Koordination

[K_Stop_Bew]
("Bewegung_Stop")
Entkopplung des Roboters aus der Koordinationsbewe-
gung durch Anhalten.

[K_Eff_Aktion]
("Effektoraktion, Koordinationsmodus")
Der Roboter führt parallel zur Nachfolgebewegung zum
Koordinationsframe eine Effektoraktion aus.
Parameter: Effektordistanz

          optional: die einzustellende Distanz wird aus

          einem Werkstückattribut ausgelesen

II. Fahrzeug

Ein Fahrzeug bewegt sich in drei Freiheitsgraden auf dem Boden der Roboterfertigungszelle. Zur Programmierung des Fahrzeugs werden entsprechende Fahrfunktionen (Transla-
tions- und Rotationsbewegungen) bereitgestellt. Zur Synchronisation des Fahrzeugs mit
anderen Komponenten existieren Fahrbefehle mit Signalkontrolle.

II.1 Fahrzeug - Fahrbefehle

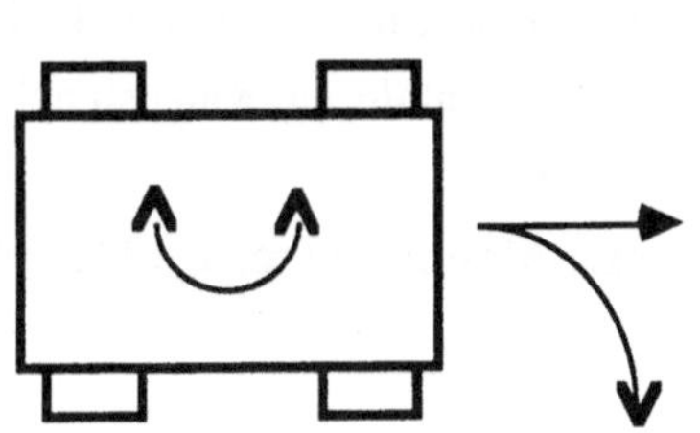

[**Dreh_Bew_2D**] / [**Lin_Bew_2D**] /
[**Kreis_Bew_2D**]
"(Dreh / Linear / Kreisbewegung 2D")
Das Fahrzeug führt eine durch die Parameter spe-
zifizierte Fahrbewegung durch, die eine Rotation
um die eigene Achse, eine Linear- oder eine Kreis-
bewegung sein kann.
Parameter: Zielposition (x,y), [Rotationswinkel
(r_z)], [Anfangsgeschwindigkeit (v_x,v_y) bei Kreis-
bahn]

II.2 Fahrzeug - Synchronisation

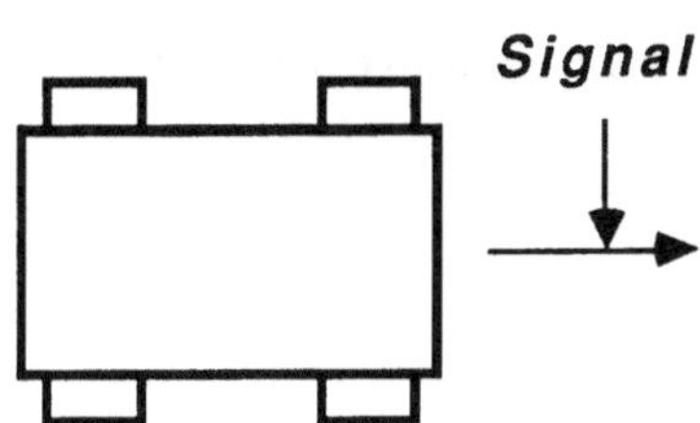

[**Dreh_Bew_2D_Signal**] /
[**Lin_Bew_2D_Signal**]
("Dreh / Linearbewegung 2D mit Signalkontrolle")
Das Fahrzeug bewegt sich bis zum Eintreffen
eines Signals.
Parameter: wie oben + Name (Kanalsignal)

III. Sensor

Mit Sensoren werden physikalische Gegebenheiten in der Fertigungszelle erfaßt. Sensoren
messen binäre Größen und Abstände oder identifizieren Objekte (Sichtsystem). Die Programmierung eines Sensors ist demnach ein Aufruf seiner Meßfunktion. Die Messung kann
einmalig oder permanent erfolgen. Aufgrund des Meßergebnisses werden Signale an andere
Komponenten der Zelle übermittelt, die den Programmablauf der Komponente beeinflussen.

III.1 Allgemeine Sensorbefehle

[**Enable**] / [**Disable**] Zeit / Zeitmarke
Der Sensor wird zum angegebenen Zeitpunkt aktiviert bzw. deaktiviert.

III.2 Befehle für binäre Sensoren

[**Messg_Bin_+_Signal**]
("Binäres Messen und Setzen (Kanal)")
Der angesprochene Binärsensor führt permanent eine Messung durch und setzt gegebenenfalls ein Kanalsignal.
Parameter: Name (Kanalsignal)
optional: inverses Messen / einmalige Messung

III.3 Befehle für Abstandssensoren

[**Messg_Wert_+_Signal**]
("Messen und Setzen (Kanal)")
Der Sensor mißt einen Abstandswert, vergleicht ihn je nach Operator mit einem Referenzwert und beschreibt bei Über-/ Unterschreitung einen Kanal.
Parameter: Vergleichswert, Vergleichsoperator (>=,<=), Name (Kanalsignal), optional: einmalige Messung

III.4 Befehle zur Objekterkennung

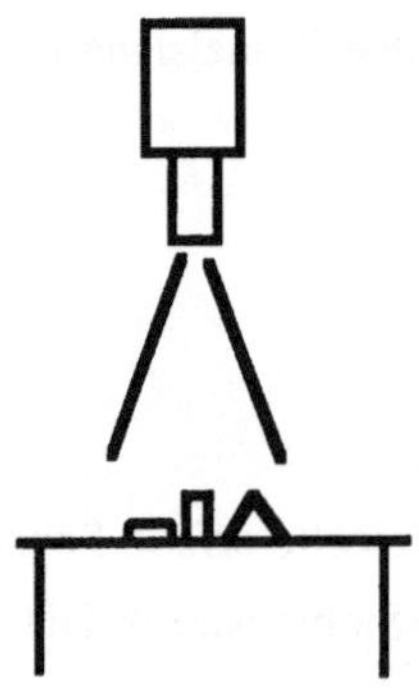

Zur Objekterkennung sind noch keine Befehle vorgesehen. Siehe hierzu Kap. 4.2 Erweiterungsmöglichkeiten ...

IV. Hilfskinematik

Zur Klasse "Hilfskinematik" zählen periphere Geräte wie Drehtische oder Fließbänder, die zum Transport und zur Bereitstellung von Werkstücken eingesetzt werden. Ebenfalls fallen hierunter sogenannte Zusatzachsen wie z.B. ein Fahrschlitten, mit denen Hilfsfunktionen zur Vergrößerung des Arbeitsraums eines Roboters ausgeführt werden können. Eine Hilfskinematik hat in SP^3R maximal 3 Freiheitsgrade.

Die Programmierung einer Hilfskinematik wird ausschließlich "gelenkorientiert", also nicht kartesisch vorgenommen. Je nach Gerätetyp ist der Wertebereich der Gelenke diskret oder kontinuierlich, mit oder ohne Endanschläge. Auch Hilfskinematiken können ihre Bewegungen unter Kontrolle eines Signals ausführen.

IV.1 Bewegungsbefehle für Hilfskinematiken

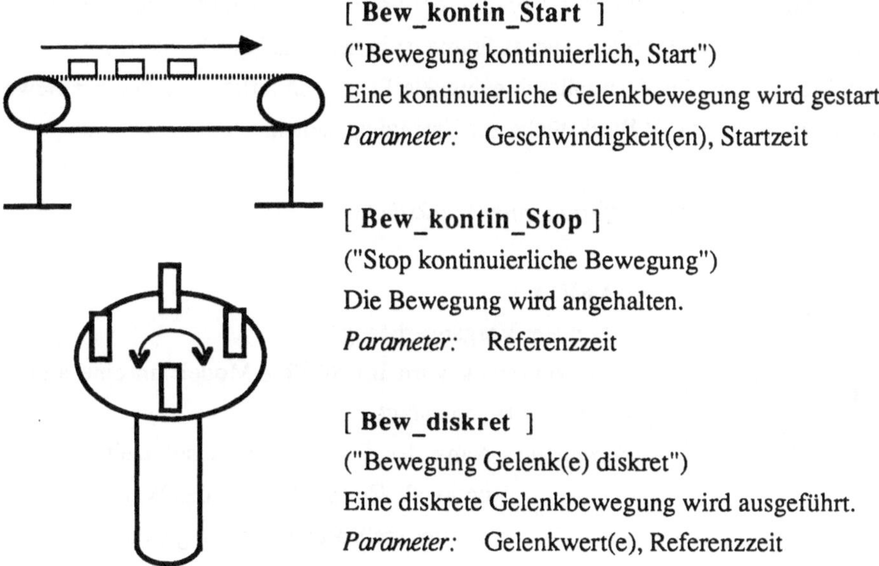

[Bew_kontin_Start]
("Bewegung kontinuierlich, Start")
Eine kontinuierliche Gelenkbewegung wird gestartet.
Parameter: Geschwindigkeit(en), Startzeit

[Bew_kontin_Stop]
("Stop kontinuierliche Bewegung")
Die Bewegung wird angehalten.
Parameter: Referenzzeit

[Bew_diskret]
("Bewegung Gelenk(e) diskret")
Eine diskrete Gelenkbewegung wird ausgeführt.
Parameter: Gelenkwert(e), Referenzzeit

IV.2 Hilfskinematik - Synchronisation

[Bew_kontin_Signal]
("Kontinuierliche Bewegung mit Signalkontrolle")
Die kontinuierliche Bewegung wird bis zum Eintreffen eines Signals ausgeführt.
Parameter: wie oben + Name (Kanalsignal)

[Bew_diskret_Signal]
("Diskrete Bewegung mit Signalkontrolle")
Die kontinuierliche Bewegung wird bis zum Eintreffen eines Signals ausgeführt.
Parameter: wie oben + Name (Kanalsignal)

V. Werkstück / Frame

Werkstücke und Frames sind passive Komponenten bzw. abstrakte Objekte in der Roboter-
fertigungszelle und müssen daher eigentlich nicht programmiert werden. Durch Greif- und
Ablegeaktionen kann jedoch die Vorgängerreferenz eines Werkstücks geändert werden.
Dieser Vorgang bewirkt eine strukturelle Änderung im SP^3R - Modell und muß der Steuerung durch ein entsprechendes Kommando bekanntgemacht werden. Beim Arbeiten im
Koordinationsmodus (koordinierte Abläufe aktiver Komponenten) orientiert sich die
Bewegungsvorgabe an einem (Master-) Frame, dem die an der Koordinationsbewegung
beteiligten Komponenten nachfolgen. Dieses Frame ist in der Regel das lokale Koordinatensystem eines Werkstücks. Insofern müssen geeignete Programmierkommandos zur Bewegungsdefinition für Frames und Werkstücke zur Verfügung stehen.

V.1 Umdefinition der Vorgängerreferenz eines Werkstücks

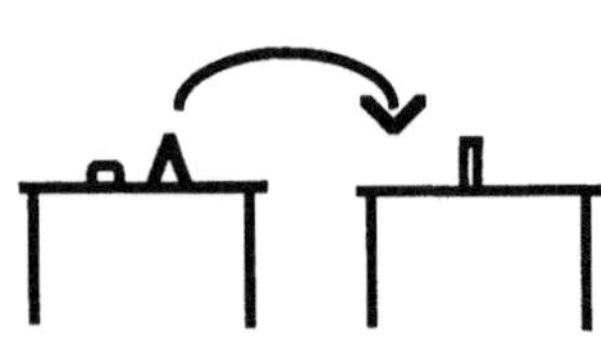

[AFFIX]
("Aendere Vorgängerbezug")
Das Werkstück wird im SP^3R - Modell an eine andere
Komponente angehängt.
Parameter: Name der Komponente, Absolutzeit
optional: Zeitmarke; /v: das Werkstück wird
an eine Transportbewegung gekoppelt

V.2 Kartesische Bewegungen eines Frames

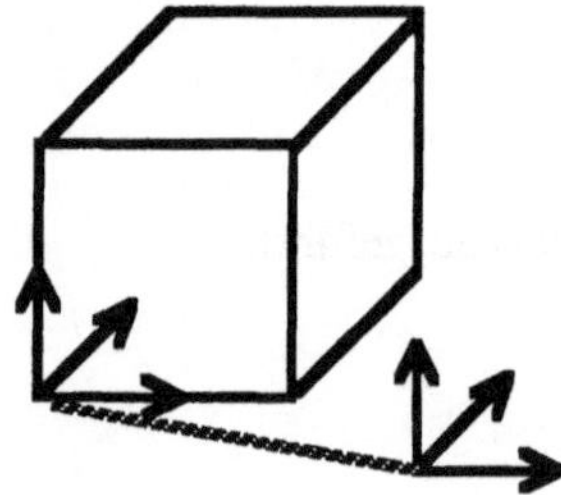

[Dreh_Bew_3D] / **[Lin_Bew_3D]** /
[Kreis_Bew_3D]
("Dreh / Linear / Kreisbewegung 3D")
Das Frame wird mittels einer Dreh-, Linear- oder Kreis-
bewegung durch den dreidimensionalen Raum bewegt.
Parameter: Zielframe, (Zwischenposition)

V.3 Framebewegung mit Signalkontrolle

[Dreh_Bew_3D_Signal] / [Lin_Bew_3D_Signal]
("Dreh / Linearbewegung 3D mit Signalkontrolle")
Das Frame wird bis zum Eintreffen eines Signals bewegt.
Parameter: wie oben + Name (Kanalsignal)

VI. Allgemeine / System-Befehle

[Warten_Zeit_rel]
("Warten relative Zeitdauer")
Eine Komponente befindet sich für eine definierte Zeit im Wartezustand.
Parameter: Zeit

[Warten_Zeit_abs]
("Warten absolute Zeitdauer")
Eine Komponente befindet sich bis zu einer Absolutzeit im Wartezustand.
Parameter: Zeit

[Warten_Zeitmarke]
("Warten auf eine Zeitmarke")
Eine Komponente wartet, bis eine Zeitmarke gesetzt wird.
Parameter: Nummer (Zeitmarke)

[Setzen_Zeitmarke]
("Setzen einer Zeitmarke")
Eine Komponente weist einer Zeitmarke die aktuelle Systemzeit zu.
Parameter: Nummer (Zeitmarke)

[Programm_Anfang]
Start der Speicherung eines Programmabschnitts einer Komponente.
Parameter: Name (Datei)

[Programm_Ende]
Die Speicherung des Programmabschnitts wird beendet.

74

[Programm_Lesen]

Anstelle der interaktiven Eingabe eines Befehls wird die in der Datei enthaltene vordefinierte Programmsequenz für eine Komponente gelesen und an die Kommandoliste angehängt.

Parameter: Name (Datei)

[Stop_Prog]

("Stop Programm")

Die Komponente beendet ihr Programm und führt keine Aktionen mehr aus.

[Sim_Zeitraster]

("Simulationszeitraster")

Das globale Interpolationszeitraster der Simulation Δt_sim, d.h.der Systemtakt, wird auf den Wert n (ms) eingestellt. Dieser Befehl ist nur zu Beginn eines Simulationslaufs zulässig. Defaultwert : 10 ms.

Parameter: n (positive ganze Zahl)

[Graphik_Zeitraster]

("Graphikzeitraster")

Das Zeitraster zum Update der Graphikstrukturen, Δt_vis, wird auf das k-fache des Systemtakts Δt_sim eingestellt. Defaultwert ist k=1.

Parameter: k (positive ganze Zahl)

[Rücksetzen_Prog_Zeit]

("Zurücksetzen des Programmablaufs")

Der Programmablauf wird auf den angegebenen Zeitpunkt zurückgesetzt.

Parameter: Absolutzeit / Zeitdifferenz / Zeitmarke

[Koll_Test]

("Kollisionstest")

Ausführung des Kollisionstest (siehe Kap 2.8.4) für ein gewisses Zeitintervall.

Parameter: t_{anf}, t_{end}: Anfang / Ende des zu testenden Intervalls

Systemseitige Definition + klassenunabhängige Befehle für Kanal- und Ereignisobjekte -> siehe Kap. 2.6.3

Definition einer Koordinationsbewegung und der beteiligten Komponenten -> siehe Kap. 2.7.5

2.5.2 Emulation der Komponenten zur Ausführung ihrer Funktionen

Durch Programmierkommandos definiert der Anwender die Komponentenaktionen in der Roboterzelle. Zur Ausführung eines Kommandos in der Simulation muß das funktionale Verhalten der Komponenten durch sogenannte Softwareemulatoren nachgebildet werden. Die Emulatoren berücksichtigen die technischen Randbedingungen bei den Bewegungen der Komponenten, die z.B. in die Zeitdauer eines Segments, bei der maximal erreichbaren Geschwindigkeit oder der Durchführbarkeit einer Bewegung einfließen. Je exakter das Funktionsverhalten der physikalischen Komponenten in realer Produktionsumgebung durch die Softwareemulatoren für das Simulationsmodell beschrieben ist, desto realistischer und detaillierter sind die Aussagen, die aus einem Programmlauf in der Simulation für die reale Anwendung gewonnen werden können. Das betrifft u.a. gemessene Zykluszeiten größerer Programme oder den erforderlichen Aufwand bei der nachträglichen Feinkorrektur eines mit Hilfe der Simulation erstellten Programms.

Im folgenden werden einige Hinweise zur Emulation der Komponenten aus den unterschiedlichen Klassen gegeben.

I. Roboteremulation

Die komplizierteste Komponente in der Roboterfertigungszelle ist der Roboter selbst. Entsprechend aufwendig ist die Emulation eines Roboters, die auf umfangreichen Berechnungen und Transformationsalgorithmen basiert.

Ein Roboter als kinematische Kette mit meistens 4 bis 6 Freiheitsgraden wird durch eine Ansteuerung seiner Gelenkmotoren bewegt. Über den am letzten Gelenk befestigten Effektor führt der Roboter seine Aufgaben in der Zelle aus.

Die Programmierung des Roboters wird aus Gründen der besseren Anschauung meist kartesisch vorgenommen. Der Programmierer beschreibt hierbei Zielframe und Interpolationsart eines Bewegungssegments in kartesischen Koordinaten.

Vor und während der Ausführung einer Bewegung muß eine ganze Reihe an Berechnungen und Überprüfungen durchgeführt werden. Vor der Ausführung fallen folgende Prüfungen und Initialisierungen an:

- *Koordinaten - Umrechnung.*
  Ein anzufahrendes Zielframe kann im Koordinatensystem eines Werkstücks angegeben sein und muß daher zunächst ins Roboterbasis-K.S. umgerechnet werden.

- *Überprüfung der Erreichbarkeit des Zielframes.*
Da der Roboter nur einen begrenzten Arbeitsraum hat, kann nicht jedes kartesisch vorgegebene Frame auch tatsächlich angefahren werden.

- *Berechnung der Zeitdauer eines Segments.*
Aus typspezifischen Kenndaten des Roboters, Distanz zum Zielframe und Bahnsegmentart wird die Zeitdauer für das Bewegungssegment berechnet.

- *Initialisierung der Koeffizienten der Bahnplanung.*
Je nach Interpolationsart werden unterschiedliche Koeffizienten für die verschiedenen Bahnsegmentarten berechnet, die bei der Interpolation zur Berechnung von Zwischenpunkten herangezogen werden.

Während der Bewegungsausführung, die durch eine zeitliche Interpolation im Systemzeitraster erfolgt, müssen die folgenden Berechnungsschritte durchlaufen werden:

- *Berechnung des nächsten Interpolationspunkts.*
Durch Einsetzen der aktuellen Interpolationszeit in die Koeffizienten der Bahnplanung werden Interpolationsposition und -orientierung errechnet.

- *Test der Erreichbarkeit des Interpolationspunkts.*

- *Berechnung der Robotergelenkwinkel* zur Einstellung des TCP mit Hilfe der inversen Koordinatentransformation. Die inverse Koordinatentransformation ist eine sehr umfangreiche, zeitintensive Routine, die den typspezifischen Aufbau des Roboters berücksichtigt und aus der Vorgabe des TCP Sollwerte für die Stellglieder der Gelenke berechnet.

- *Überprüfung der resultierenden Gelenkgeschwindigkeiten und -beschleunigungen.*
Aus aktuell gegebenen und neuen Werten für die Gelenke können Gelenkgeschwindigkeiten und -beschleunigungen berechnet und gegen die zulässigen Maximalwerte getestet werden.

Diese Schritte werden in jedem Interpolationspunkt durchlaufen, bis das ganze Bewegungssegment, das einem einzelnen Programmierbefehl entspricht, ausgeführt ist.
Die hier genannten Berechnungen betreffen die Bereiche Bahnplanung und Koordinatentransformation für den Roboter. Soll die Dynamik des Roboters auch in Betracht gezogen

werden, fallen zur Ermittlung der Steuerwerte weitere Berechnungen an, die das dynamische Modell des Roboters berücksichtigen.

Die kartesische Bahnplanung, wie sie im System SP^3R verwendet wird, ist universell, d.h. für beliebige Roboter zu verwenden.

Zur Definition der Bewegungsbahn des TCP können eine Reihe an geradlinigen, polynomialen, Kreis- und Sinusbahnen mit unterschiedlichen Geschwindigkeitsprofilen verwendet werden. Die TCP-Orientierung kann simultan zur Positionsänderung neu eingestellt oder auch relativ zur Bewegungsbahn konstant gehalten werden.

Für die Koordinatentransformation werden analytische robotertypspezifische Lösungen verwendet, die auf geometrischen Ansätzen basieren; d.h. für jeden in der Roboterbibliothek von ROSI enthaltenen Robotertyp existiert eine individuelle Routine.

Aufgrund der Zusammenfassung von Roboter und Effektor gehört in dieses Unterkapitel auch die Emulation des Effektors.

Im Falle eines Greifers besteht die Funktion des Effektors aus dem Öffnen und Schließen der Greiferfinger. Die Emulation der Fingerbewegung verläuft analog zur Emulation von Gelenkbewegungen des Roboters. Anhand vorgegebener technischer Daten des Effektors wird die Bewegung der Finger berechnet und ausgeführt (Zeitdauer, Geschwindigkeiten).

Bei Bearbeitungswerkzeugen erfordert die Emulation der Funktion des Effektors unter Umständen eine Modifikation der Geometrie der Werkstücke. Solche Anwendungen benötigen einen Aufruf von CAD-Funktionen aus dem Programmlauf heraus und sind daher im System ROSI, das hauptsächlich für die Montage konzipiert ist, nicht enthalten.

II. Fahrzeugemulation

Eine Komponente der Klasse "Fahrzeug" führt gewisse Fahrfunktionen in der Ebene aus, die vom Anwender durch entsprechende Bewegungsbefehle programmiert worden sind. Da im System SP^3R das Hauptaugenmerk dem Roboter gilt, wird hier nur die effektive Fahrbewegung des Fahrzeugs in der Emulation in Betracht gezogen, nicht aber das Zustandekommen der Fahrbewegung durch den Antrieb der Räder. Zur Simulation der Aktionen, die ein Fahrzeug in der Roboterzelle durchführt (Transport anderer aktiver Komponenten oder von Werkstücken), ist das auch ausreichend.

Für die Fahrfunktionen des Fahrzeugs, die aus Dreh-, Linear- und Kreisbewegungen in der Ebene bestehen, existieren wie beim Roboter Geschwindigkeits- und Beschleunigungsmaximalwerte, anhand derer die Fahrbewegung geplant und ausgeführt wird. Im Gegensatz zum Roboter ist hier keine Koordinatentransformation erforderlich; die Bewegung wird vom Programmierer kartesisch vorgegeben und im System kartesisch geplant und ausgeführt.

Zur Spezifikation der Bewegung gibt der Anwender Befehlsparameter an, die das zeitliche Profil der Bewegung und den Bahnverlauf definieren.

Unterschiedliche Fahrzeugtypen können durch individuelle technische Parameter wie die maximal zulässige Beschleunigung beschrieben werden, die bei der Planung der Bewegungsbahn einfließen. Falls bestimmte (z.B. Kreis-) Bewegungen von einzelnen Fahrzeugen nicht ausgeführt werden können, kann das in der Emulation berücksichtigt werden; der (Fahr-) Befehl wird nicht ausgeführt, und dem Programmierer wird ein entsprechender Fehlerstatus gemeldet.

III. Sensoremulation

Die von Sensoren gemessenen Daten sind binäre Zustände, Abstandswerte und Objektinformationen. Wie in Kapitel 2.2.1 bereits erwähnt, sind Verfahren zur Emulation der Sensorfunktionen aufgrund ihrer Komplexität nicht in SP^3R enthalten. Zur Bereitstellung eines Meßergebnisses muß eine entsprechende Eingabe des Benutzers erfolgen oder mit Hilfe simpler Routinen z.B. für einen binären Sensor (Lichtschranke) ein Wert mittels eines vereinfachten Rechenwegs ermittelt werden.

Die Zeitdauer zwischen Beauftragung des Sensors und der Bereitstellung des Ergebnisses, die bei einem Ultraschallsensor für die Abstandsmessung anfällt, muß bei der Weiterverarbeitung des Sensorsignals berücksichtigt werden. In der Regel wird durch den Sensorwert ein Signal in einem Kanal gesetzt, aufgrund dessen eine aktive Komponente in der Roboterzelle eine Aktionssequenz startet. Zur korrekten Erfassung der zeitlichen Abhängigkeiten muß die Verzögerung durch den Meßvorgang des Sensors simuliert, d.h. beim Setzen des Kanalwertes berücksichtigt werden.

Die Integration der Sensorfunktionen in den Programmablauf gestattet es, kompliziertere Aktionsfolgen in der Simulation zu untersuchen. Aufgrund der Plazierung einer Lichtschranke an einem Fließband und der Fahrgeschwindigkeit des Bandes kann untersucht werden, ob der Roboter überhaupt innerhalb der verfügbaren Zeit in der Lage ist, ein Werkstück vom Band zu greifen. Das Zustandekommen der Sensorwerte ist aufgrund der Komplexität der Berechnungen in SP^3R nicht enthalten; durch die Verfügbarkeit der Sensorfunktionen kann jedoch das Wechselspiel zwischen verschiedenen Aktionen der Komponenten untersucht werden, um Zeitaussagen über größere Programmabschnitte mit Synchronisationspunkten machen zu können.

IV. *Emulation von Hilfskinematiken*

Hilfskinematiken, d.h. Peripherieeinrichtungen und Zusatzachsen, können im Prinzip als Roboter mit maximal drei Freiheitsgraden angesehen werden, der im Gelenkraum programmiert wird.

Die Emulation einer Hilfskinematik beschränkt sich daher auf die Berücksichtigung der technischen Daten der einzelnen Freiheitsgrade der Hilfskinematik wie Bereichsgrenzen, diskreter oder kontinuierlicher Wertebereich, Geschwindigkeits- und Beschleunigungswerte. Bei einem Fließband sind nur die Anfahrzeit und die verschiedenen Geschwindigkeitsstufen des Bandes von Bedeutung, die den Transport der auf dem Band befindlichen Werkstücke bestimmen. Ein programmierter Bewegungsstart des Fließbands bewirkt die Berechnung einer Beschleunigungsrampe zum Erreichen der gewünschten Transportgeschwindigkeit, die durch Interpolation im Systemzeitraster ausgeführt wird. Analog sind die Verhältnisse bei anderen Hilfskinematiken wie Zusatzachsen, die direkt als Ergänzung zur Roboterbewegung Hilfsbewegungen ausführen.

2.6 Synchronisation

Die verschiedenen Komponenten in der Roboterfertigungszelle führen ihre Aktionen zeitlich parallel aus. Zu bestimmten Zeitpunkten müssen einzelne Teilabläufe in der Zelle aufeinander synchronisiert werden; d.h. eine Komponente führt eine Aufgabe erst nach einer Fertigmeldung einer anderen Komponente aus, oder Aktionen zweier Komponenten müssen genau zum gleichen Zeitpunkt gestartet werden. Für diesen Zweck bietet das System SP^3R Synchronisationsmechanismen an.

2.6.1 Kanäle und Ereignisobjekte für Kommunikation und zeitliche Synchronisation der Komponenten

Mit Hilfe sogenannter Kanäle kann eine Kommunikation zwischen zwei Komponenten aufgebaut werden. Ein Kanal ist in SP^3R ein abstraktes Objekt, in das eine Komponente der Fertigungszelle Informationen hineinschreibt. Eine andere Komponente liest die Information aus und wird dadurch zeitlich in ihrem Programmablauf gesteuert. Kanäle können zwischen beliebigen Komponenten definiert werden, um Programmabschnitte der Komponenten miteinander zu synchronisieren.

Die schreibende Komponente legt ihre Information im Kanal durch einen Programmbefehl "Setze_Kanal" ab, der den Beginn oder Abschluß eines bestimmten Programmabschnitts anzeigt. Das Kanalsignal veranlaßt die lesende Komponente, die sich durch einen Befehl "Empfange_Kanalsignal" in einem Wartezustand befindet, in ihrem Programmlauf fortzufahren. Das Auslesen des Kanalsignals bewirkt, daß der Kanal wieder zurückgesetzt wird. Durch diesen Mechanismus wird erreicht, daß die lesende Komponente erst nach Eintritt des Ereignisses durch die schreibende Komponente an der Wartestelle mit ihrem Programm fortfährt. Ist das Ereignis bereits eingetreten, bevor die lesende Komponente ihre "Warte auf Kanalsignal "- Operation durchführt, kann die lesende Komponente bei Erreichen der Wartestelle ohne Verzögerung ihr Programm weiter abarbeiten.

Sollen mehrere Komponenten individuelle Aktionen abschließen und genau zum gleichen Zeitpunkt in ihrem Programmablauf fortfahren, kann der Kanalmechanismus nicht sehr elegant zur Lösung des Problems herangezogen werden. Zu diesem Zweck kann der Programmierer "Ereignisobjekte" definieren, an denen beliebig viele Komponenten der Zelle beteiligt sein können: Jede beteiligte Komponente meldet dem Ereignisobjekt das Erreichen einer bestimmten Stelle im Programmablauf und geht damit in einen Wartezustand über. Erst wenn alle Komponenten ihre Fertigmeldung an das Ereignisobjekt abgesetzt haben, ist das Ereignis eingetreten, und die einzelnen Komponentenprogramme werden gleichzeitig fortgesetzt; d.h. die Komponenten haben sich zu diesem Zeitpunkt miteinander synchronisiert.

Die folgenden Diagramme verdeutlichen die Zusammenhänge bei den Objekten "Kanal" und "Ereignisobjekt" zur Synchronisation:

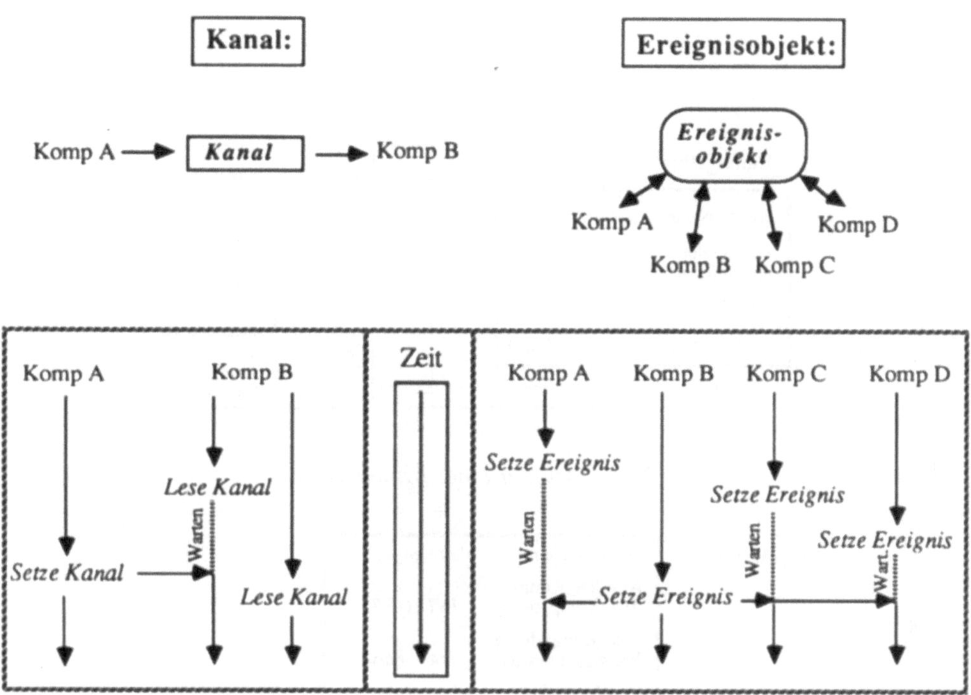

Bild 2.22: Kanal- und Ereignisobjekte zur Synchronisation

Bild 2.23 enthält die Datenstruktur "Kanal_Obj" zur Verwaltung eines Kanalobjekts. Bei der Definition eines Kanals wird ein solches Objekt erzeugt und als neues Element an die Liste aller Kanalobjekte angehängt.

Jedes Kanalobjekt hat einen Namen, zwei Komponentenzeiger auf die schreibende bzw. lesende Komponente, eine Signallaufzeit, die auch den Wert 0 annehmen kann, sowie zwei Zeiger auf das erste und das aktuelle Auftreten des Kanalsignals. Die Setz- und Auslesezeit werden bei jedem Auftreten des Signals eingetragen; das Set-Flag zeigt an, ob das Signal schon ausgelesen wurde.

Beim Ereignisobjekt (Bild 2.24) ist die Datenstruktur etwas komplizierter, da eine variable Anzahl an Komponenten am Ereignis beteiligt sein kann. Hier wird eine Liste der teilnehmenden Komponenten angelegt. Bei jedem Auftreten des Ereignisses werden Startzeit (die Zeit des ersten Ansprechens des Ereignisobjekts) und Eintrittszeit (Auslösen des Ereignisses durch die letzte beteiligte Komponente) eingetragen. Jede Komponente vermerkt ihre individuelle Setzzeit. Verschiedene Hilfsvariablen zeigen den momentanen Status des Ereignisobjekts an.

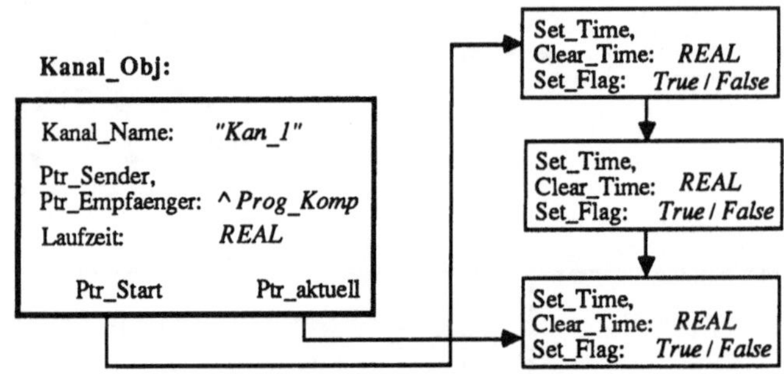

Bild 2.23: Struktur eines Kanalobjekts

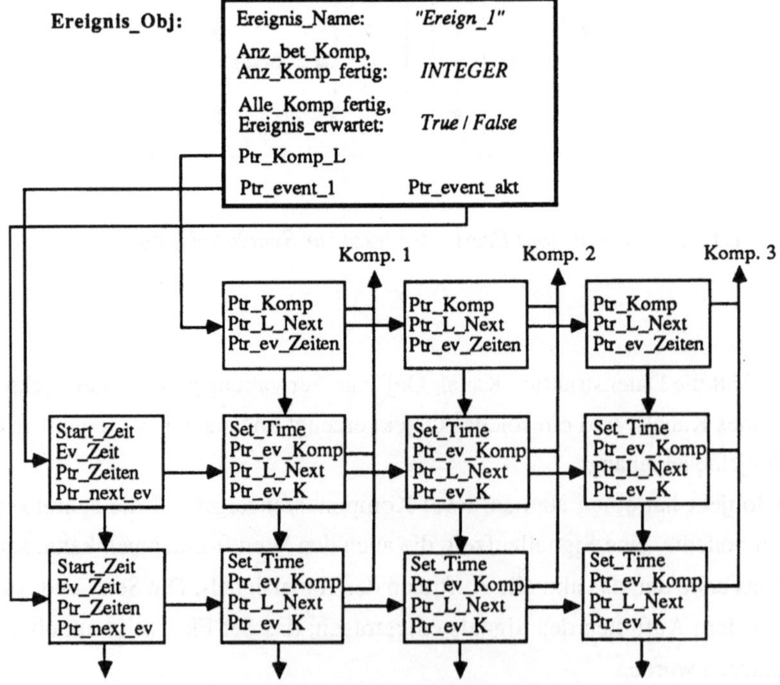

Bild 2.24: Struktur eines Ereignisobjekts

2.6.2 Beispiele

In diesem Kapitel wird anhand dreier Beispiele die Wirkungsweise von Kanälen zur Synchronisation von Komponenten demonstriert. Ein Beispiel zeigt die Einsatzmöglichkeit eines Ereignisobjekts zum gleichzeitigen Start von Aktionen verschiedener Komponenten.

Beispiel 1: *Synchronisation zwischen Drehtisch und Roboter*

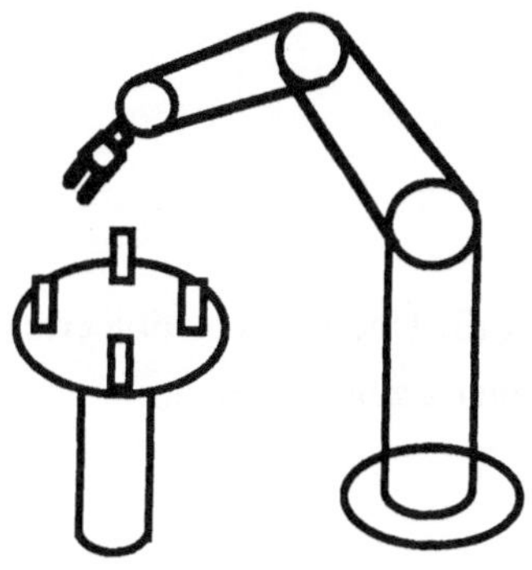

Auf einem Drehtisch (Komponentenklasse Hilfskinematik) liegen Werkstücke in 4 diskreten Positionen bereit, die von einem Roboter zur Montage/Bearbeitung entnommen werden. Nach der Entnahme eines Werkstücks durch den Roboter dreht der Tisch um 90 Grad weiter, um das nächste Werkstück bereitzustellen. Der Roboter holt sich nach beendeter Handhabung des ersten Werkstücks das zweite usw.

Synchronisationsprobleme :
Der Roboter kann den Entnahmevorgang erst beginnen, wenn der Drehtisch die Bereitstellungsposition erreicht hat; der Drehtisch kann erst weiterdrehen, wenn der Roboter das aktuelle Werkstück gegriffen hat und mit diesem abgerückt ist

Synchronisationsmechanismen :
2 Kanäle **Wst_bereit** und **Wst_gegriffen**, über die die ereignisbestimmenden Komponenten (Drehtisch bzw. Roboter) ihre Fertigmeldung übermitteln können.

Programmsequenz :

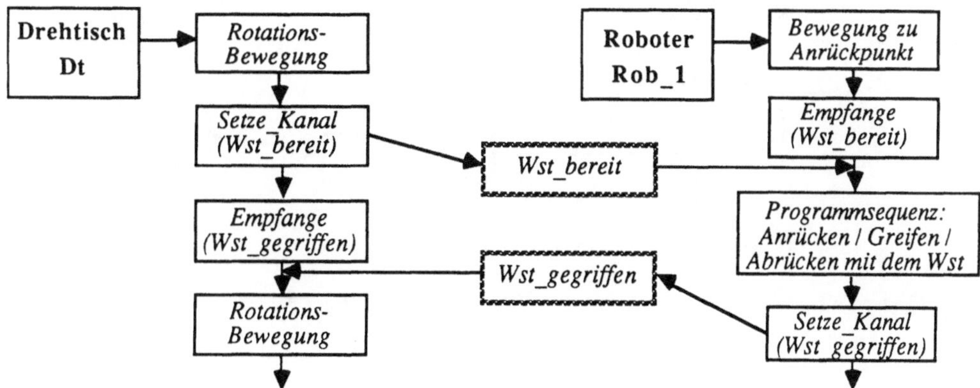

Beispiel 2 : *Synchronisation zwischen zwei Robotern*

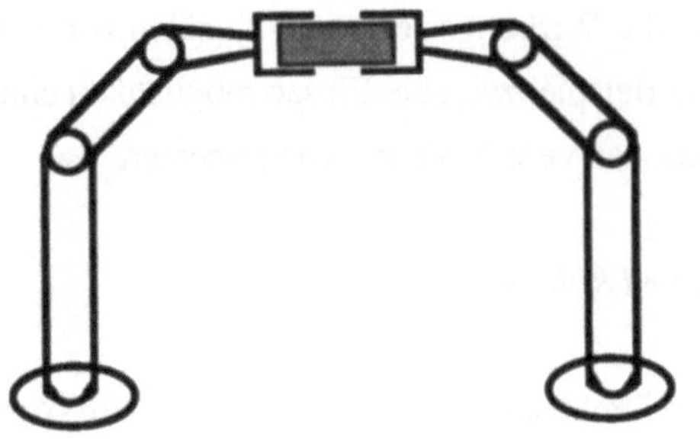

Ein Werkstück soll von einem Roboter an einen anderen übergeben werden.

Synchronisationsprobleme :

Roboter 2 kann das Werkstück erst greifen, wenn Roboter 1 die Übergabeposition erreicht hat. Roboter 1 darf das Werkstück erst loslassen, wenn Roboter 2 zugegriffen hat.

Synchronisationsmechanismen :

2 Kanäle **Überg(abe)_pos(ition)_err(eicht)** und **Wst_übern(ommen)**, über die jeder Roboter seine Fertigmeldung absetzen kann.

Programmsequenz :

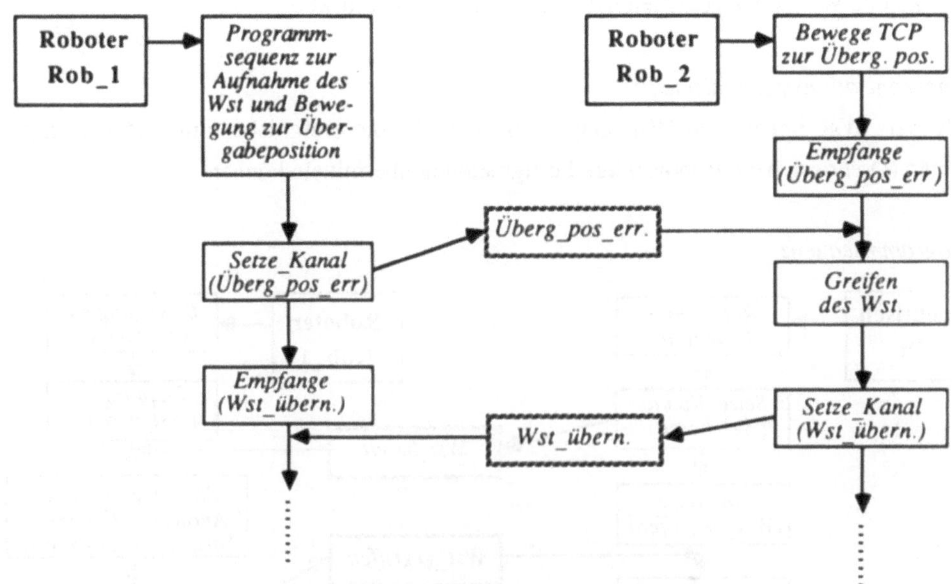

Beispiel 3 : *Synchronisation zwischen Roboter und Sensor*

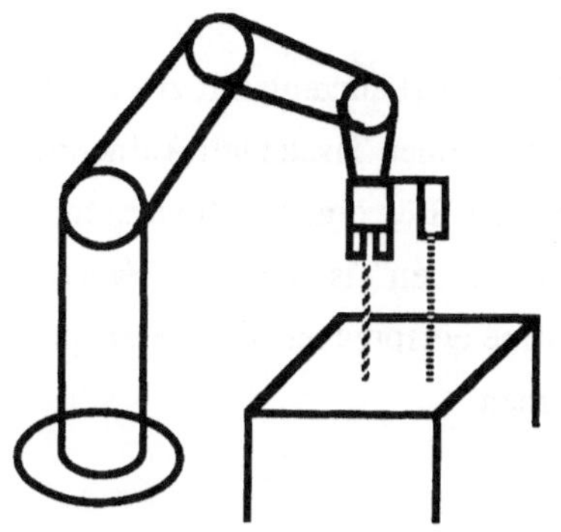

Ein Roboter soll sich auf eine Tischoberfläche zubewegen, bis ein Abstandssensor das Unterschreiten eines Abstandswertes mißt.

Synchronisationsproblem :

Der Roboter führt eine Bewegung unter Kontrolle eines Sensors aus, die beim Erreichen eines Grenzwerts des Sensors gestoppt wird.

Synchronisationsmechanismus :

1 Kanal **Abst(and)_err(eicht)** zur Übertragung des Abbruchsignals vom Sensor an den Roboter.

Programmsequenz :

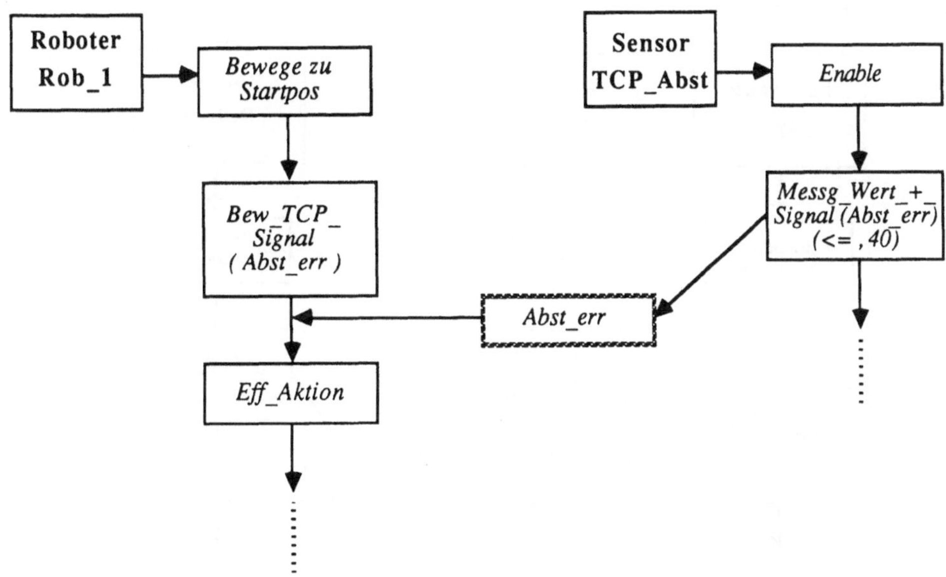

Beispiel 4 : *Ereignisobjekt zur Synchronisation von einem Fahrzeug und zwei Robotern*

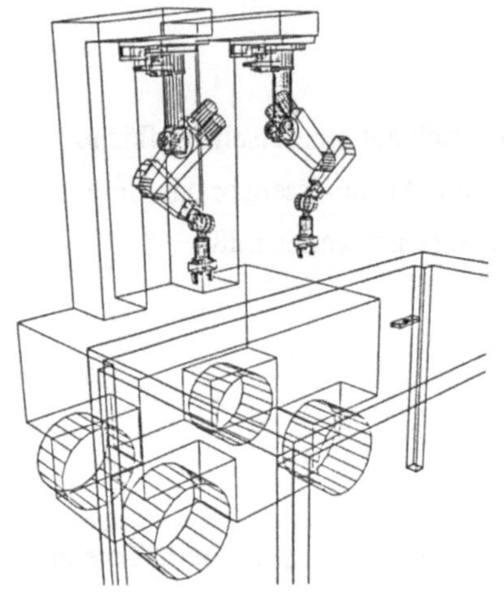

Ein mobiler Roboter (Fahrzeug mit zwei Robo-
terarmen) fährt an einen Tisch zum Aufnehmen
von Werkstücken. Für einen kollisionsfreien
Andockvorgang an den Tisch müssen Fahrzeug
und Roboterarme entsprechende Referenzpositionen einnehmen.

Synchronisationsproblem :

Fahrzeug, Rob_1 und Rob_2 müssen jeweils bestimmte Positionen erreicht haben, bevor
das Anrücken an den Tisch gestartet werden kann.

Synchronisationsmechanismus :

Ein Ereignisobjekt **Komp_fertig**, das das Fertigwerden der Komponenten feststellt.

Programmsequenz :

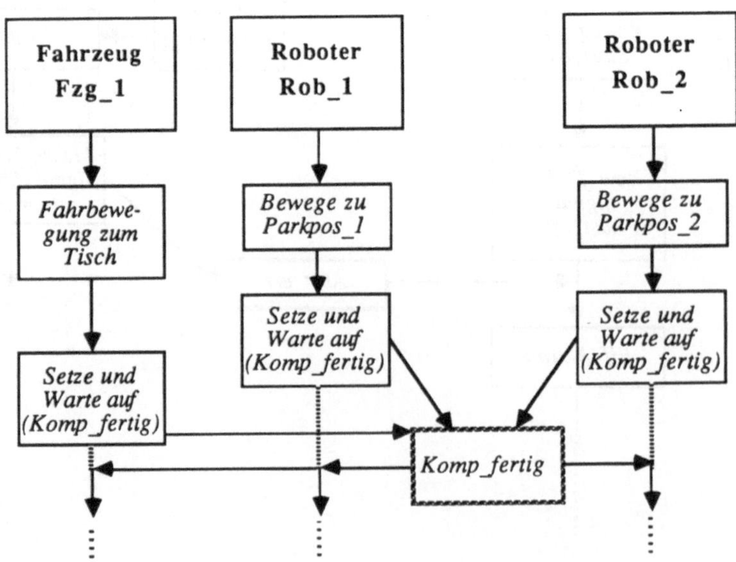

2.6.3 Synchronisationskommandos

An dieser Stelle sollen die Kommandos, die systemseitig und bei den einzelnen Komponenten zur Definition und Handhabung der Synchronisationsmechanismen zur Verfügung stehen, im einzelnen erläutert werden.

Da sich in SP^3R prinzipiell beliebige Komponenten miteinander synchronisieren können, müssen systemseitig zunächst einmal Kanäle zum Signalaustausch zwischen Sendern und Empfängern definiert werden. Im Programmablauf stehen den Komponenten universelle und klassenspezifische Kommandos zur Verfügung, mit denen Signale erzeugt bzw. auf Signale reagiert werden kann.

2.6.3.1 Systemseitige Befehle zur Definition von Kanälen und Ereignisobjekten

[Def_Kanal]
("Definiere Kanal")   *Parameter:* Name des Kanals,

                                           Sender- / Empfängerkomponente

                                           optional: Signallaufzeit

Durch dieses Kommando wird ein Kanal zwischen zwei Komponenten definiert. In der Signallaufzeit kann angegeben werden, welche Zeitdauer zwischen Absenden und Empfangen des Signals liegt.

[Reset_Kanal]
("Kanal zurücksetzen")   *Parameter:* Name des Kanals, (Systemzeit)
Der Kanal wird systemseitig zurückgesetzt.

Die Definition eines Ereignisobjekts mit einer variablen Anzahl beteiligter Komponenten wird durch eine Befehlssequenz **[Start_Def_Ereignis] [Ereignis_Komp]**$_{1..n}$ **[Ende_Def_Ereignis]** bewerkstelligt.

[Start_Def_Ereignis]
("Definiere Ereignisobjekt") *Parameter:* Name des Ereignisobjekts
Durch das Kommando wird ein Ereignisobjekt angelegt.

[Ereignis_Komp]
("Am Ereignis beteiligte Komponente") *Parameter:* Name der Komponente
Die genannte Komponente ist an dem gerade zu definierenden Ereignisobjekt beteiligt.

[Ende_Def_Ereignis]
("Ende der Definition des Ereignisobjekts")
Die Definition des Ereignisobjekts wird beendet.

2.6.3.2 Klassenunabhängige Befehle zum Setzen und Warten auf Kanal- signal und Ereignisobjekt

Jede aktive Komponente einer beliebigen Klasse kann ein Signal setzen bzw. auf ein Signal warten.

[Setze_Kanal]   *Parameter:* Name des Kanalsignals
Das Kanalsignal wird gesetzt.

[Empfange_Kanal]   *Parameter:* Name des Kanalsignals
Die Komponente wartet auf das Eintreffen eines Signals.

[Setze_und_Warte_auf_Ereignis]   *Parameter:* Name des Ereignisobjekts
Die Komponente meldet sich bereit und wartet auf das Eintreten des Ereignisses.

2.6.3.3 Klassenspezifische Synchronisationsfunktionen

Um zu ermöglichen, daß eine Komponente auch während der Ausführung einer Funktion einer Signalkontrolle unterliegt, sind für die Komponentenklassen Bewegungsbefehle mit Abbruchkriterium (Vorliegen eines Signals) definiert. Die vorgeplante Bewegung der Komponente wird normal ausgeführt, bis das Signal eintrifft; daraufhin erfolgt ein Anhalten in kürzestmöglicher Zeit. Trifft kein Signal ein, wird die Bewegung vollständig ohne Beeinflussung beendet. In diesem Fall kann bei einem späteren Setzen des Kanalsignals das Signal systemseitig zurückgesetzt werden.
Die klassenspezifischen Funktionen unter Signalkontrolle sind in Kap. 2.5.1 beschrieben.

2.7 Koordination

Durch die im vorigen Kapitel beschriebenen Synchronisationsmechanismen können Komponenten punktuell aufeinander abgestimmt werden. Dadurch werden zeitliche Ablaufbedingungen in der Roboterzelle eingehalten. Es besteht eine zeitliche Abhängigkeit zwischen Komponentenprogrammteilen; inhaltlich sind die Programme jedoch nach wie vor unabhängig voneinander.

In bestimmten Anwendungsfällen ist jedoch eine einheitliche Bewegungsplanung für mehrere Komponenten über eine Zeitdauer hinweg erforderlich (z.B. Transport eines Werkstücks durch zwei Roboter). Dies ist in SP^{3}R für Roboter in einem sogenannten Koordinationsmodus möglich. Aufgrund ihrer begrenzten Bewegungsmöglichkeiten sind andere Komponentenklassen zunächst nicht als Bewegungsfolger bei koordinierten Bewegungen vorgesehen.

2.7.1 Prinzip des Koordinationsmodus :
Ein bewegtes Frame mit nachfolgenden abhängigen Komponenten

Unter "Koordination" ist in SP^{3}R folgendes zu verstehen:

Für ein Frame (in der Regel das lokale Koordinatensystem eines Werkstücks) ist eine sogenannte Master-Bewegung explizit oder implizit vorgegeben. Dieser Bewegung "folgen" die beteiligten Roboter nach; ihre Bewegungen werden durch die vorgegebene Master-Bewegung erzwungen, sie können nicht mehr frei definiert werden. Gegebenenfalls kann für eine Folgekomponente der Master-Bewegung noch eine Offset-Bewegung überlagert werden.

Bei der Handhabung eines Objekts durch mehrere Roboter orientiert sich die Bewegungsdefinition an der Sollbahn und der neuen Sollposition des Werkstücks. Die TCP-Bewegungen der Roboter werden aus den Folgebedingungen errechnet.

Bild 2.25 veranschaulicht die Zusammenhänge.

Für die explizite Vorgabe der Masterbewegung des Frames steht ein Satz an geradlinigen und zirkularen Bewegungsfunktionen zur Verfügung. Durch diese Funktionen werden Zielposition und Sollbahn des Bewegungsframes festgelegt. Bei der Berechnung der Zeitdauer müssen die resultierenden (TCP-) Bewegungen mitberücksichtigt werden, um Geschwindigkeits- und Beschleunigungsrandbedingungen der beteiligten Roboter einhalten zu können. Durch eine Berechnung des Maximums aller minimal benötigten Zeiten für die Bewegung ist die Bewegungsdauer so vorgegeben, daß jede Komponente ihre resultierende Bahn in der Zeit abfahren kann.

Ein wichtiger Gesichtspunkt ist natürlich die Erreichbarkeit aller Sollpositionen. Bei der koordinierten Handhabung von Objekten durch mehrere Aktoren ist der Bewegungsraum des (Master-) Frames durch die implizierte Durchschnittsbildung der Arbeitsräume der Roboter stark eingeschränkt. Die Vorgabe einer Bewegung im Koordinationsmodus erfordert eine Überprüfung aller interpolierten Zwischenframes auf Erreichbarkeit durch die jeweilige Komponente, da nur in diesem Fall die Koordinationsbewegung durchführbar ist.

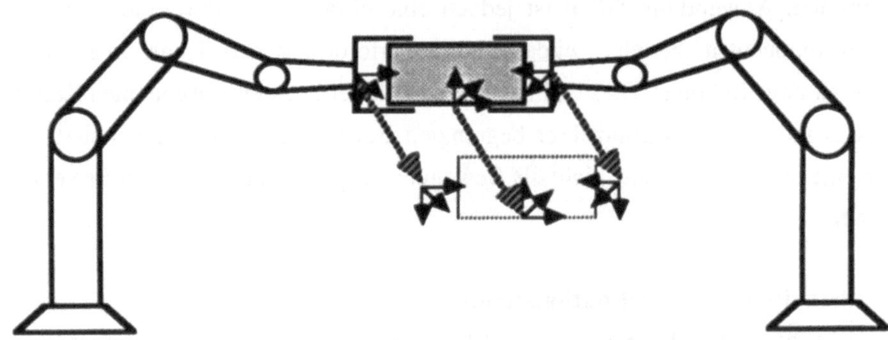

Bild 2.25: Prinzip der Koordination

2.7.2 Explizite / implizite Bewegungsvorgabe

Maßgeblich für die Bewegungen der am Koordinationsmodus beteiligten Komponenten ist die Master-Bewegung eines Frames, das den Bezug zur Berechnung der Folgebewegungen der Komponenten darstellt. Dieses Frame wird im folgenden Koordinationsframe genannt.
Die Bewegung des Koordinationsframes kann implizit vorgegeben sein, oder sie muß explizit durch den Programmierer definiert werden. Liegt ein Werkstück auf einem bewegten Fließband, von dem es durch einen Roboter gegriffen werden soll, ist die Bewegung implizit vorgegeben. Soll ein Werkstück durch zwei Roboter gemeinsam transportiert werden, muß die Bewegungsbahn des Werkstücks explizit definiert werden. Die erforderliche Synchronisierung eines Roboters auf die vorgegebene Geschwindigkeit bei implizit gegebener Koordinationsbewegung mit /v/≠0 wird mit Hilfe eines iterativen Algorithmus berechnet, der den frühestmöglichen Zeitpunkt zum Erreichen der Geschwindigkeit ermittelt. Aufgrund dieser Tatsache ist bei impliziter Koordinationsbewegung nur <u>ein</u> Roboter als Koordinationsfolger zulässig.

Die Unterscheidung: explizite oder implizite Bewegungsvorgabe wird bei der Definition der Koordination vorgenommen. Eine implizite Bewegungsvorgabe bedeutet, daß die Komponente, auf die der Vorgängerbezug des Koordinationsframes zeigt, unabhängig von der Koordination eine individuelle Bewegungsfunktion ausführt; d.h. ihre Bewegung wird nicht in den Planungsprozeß der Koordination miteinbezogen. Lediglich bei der Berechnung der Ausführungszeit kann bei impliziten Bewegungen mit Anfangs- und Endgeschwindigkeit $/v_a/=/v_e/=0$ die benötigte Zeitdauer der Folgekomponente berücksichtigt werden (siehe Beispiel 1 in Kap. 2.7.4). Bei impliziten Bewegungen mit konstantem Geschwindigkeitsvektor besteht im Hinblick auf die Planung der Zeitdauer der Koordinationsbewegung kein Spielraum. Die Geschwindigkeits- und Beschleunigungsrandbedingungen der Folgekomponente können nicht berücksichtigt werden, so daß einzelne Koordinationsvorgänge aufgrund nicht einhaltbarer Zeitbedingungen unausführbar sind.

Bei der expliziten Bewegungsvorgabe sind die beteiligten Komponenten beim Start der Koordination in Ruhe, so daß für die Bewegungsplanung die erforderlichen Zeiten der Komponenten in Betracht gezogen werden können. Die Zeitdauer eines Bewegungssegments des Koordinationsframes wird so gewählt, daß jede Komponente die ihr aufgezwungene Bewegung durchführen kann. Die möglichen Bewegungsbahnen für das Koordinationsframe bestehen aus Dreh-, Linear- und Kreisbewegungen im dreidimensionalen Raum. Da bei der impliziten Bewegungsvorgabe mit Anfangsgeschwindigkeit $/v_a/\neq0$ eine Synchronisierphase für die beteiligten Komponenten erforderlich ist (siehe Kap. 2.7.3.1) und dabei eine Vorausberechnung der Bewegung des Masterframes vorgenommen werden muß, ist nur ein Verfahren mit konstantem Geschwindigkeitsvektor gestattet.

2.7.3 Ablauf einer Koordinationsbewegung

Eine Bewegung von Robotern im Koordinationsmodus wird in drei Phasen ausgeführt: erst erfolgt eine Synchronisierung der Komponenten auf die Masterbewegung, anschließend wird die allgemeine Bewegungsphase durchlaufen, am Ende werden die Roboter vom Koordinationsframe entkoppelt. Bild 2.26 zeigt den zeitlichen Ablauf bei koordinierten Bewegungen.

2.7.3.1 Definition und Startfreigabe

Bei der Definition eines Koordinationsobjekts werden das maßgebliche Koordinationsframe, die beteiligten Roboter, die explizite oder implizite Bewegungsvorgabe sowie das auslösende Startsignal festgelegt.

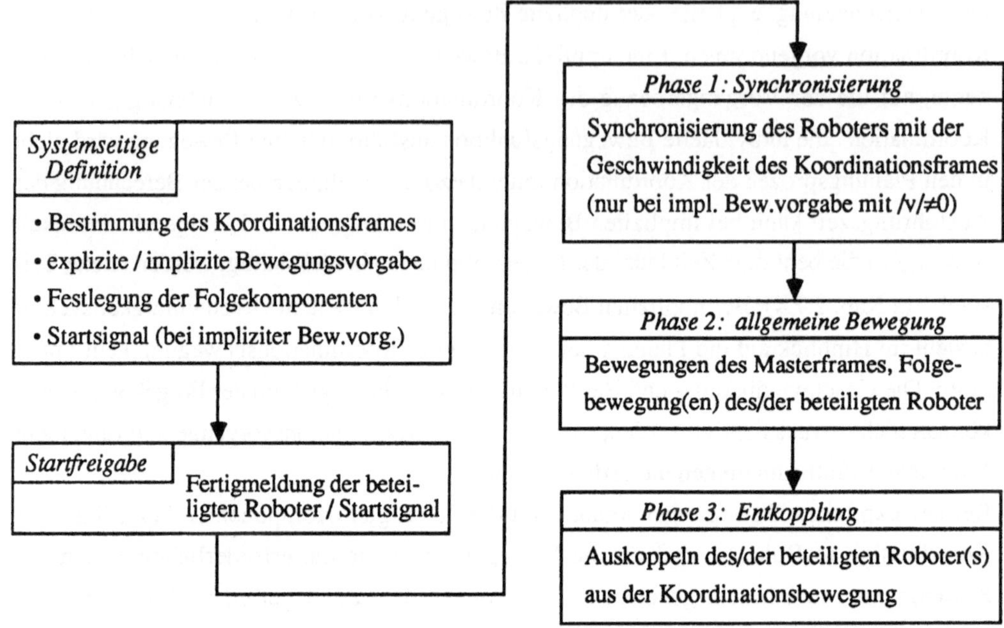

Bild 2.26: Zeitlicher Ablauf (Phasen) bei der Koordination

Bild 2.27 zeigt die Struktur eines Koordinationsobjekts mit der Liste der beteiligten Roboter, den Zeiteinträgen für Definitionszeitpunkt, Bereitmeldungen, Start und Ende sowie den zugeordneten Bewegungsbefehlen des Koordinationsframes. Anz_bet_Komp ist die Anzahl der beteiligten Komponenten (bei impliziter Bewegungsvorgabe=1), Anz_Komp_bereit gibt an, wieviele Komponenten bereit für den Koordinationsstart sind, Anz_Komp_beendet ist die Zahl der Komponenten, die sich aus der koordinierten Bewegung herausgelöst haben (bei expliziter Koordinationsbewegung müssen nicht notwendigerweise alle Komponenten bis zum gleichen Abschlußzeitpunkt an der Koordination beteiligt sein). Ptr_Kanal_Obj zeigt auf das Kanalobjekt, das als Trigger (Startsignal) bei impliziter Koordination verwendet wird. Bei expliziter Koordination erfolgt der Start nach dem Schema eines Ereignisobjekts; d.h. erst wenn sich alle beteiligten Komponenten bereit gemeldet haben, wird gemeinsam mit der koordinierten Bewegung begonnen.

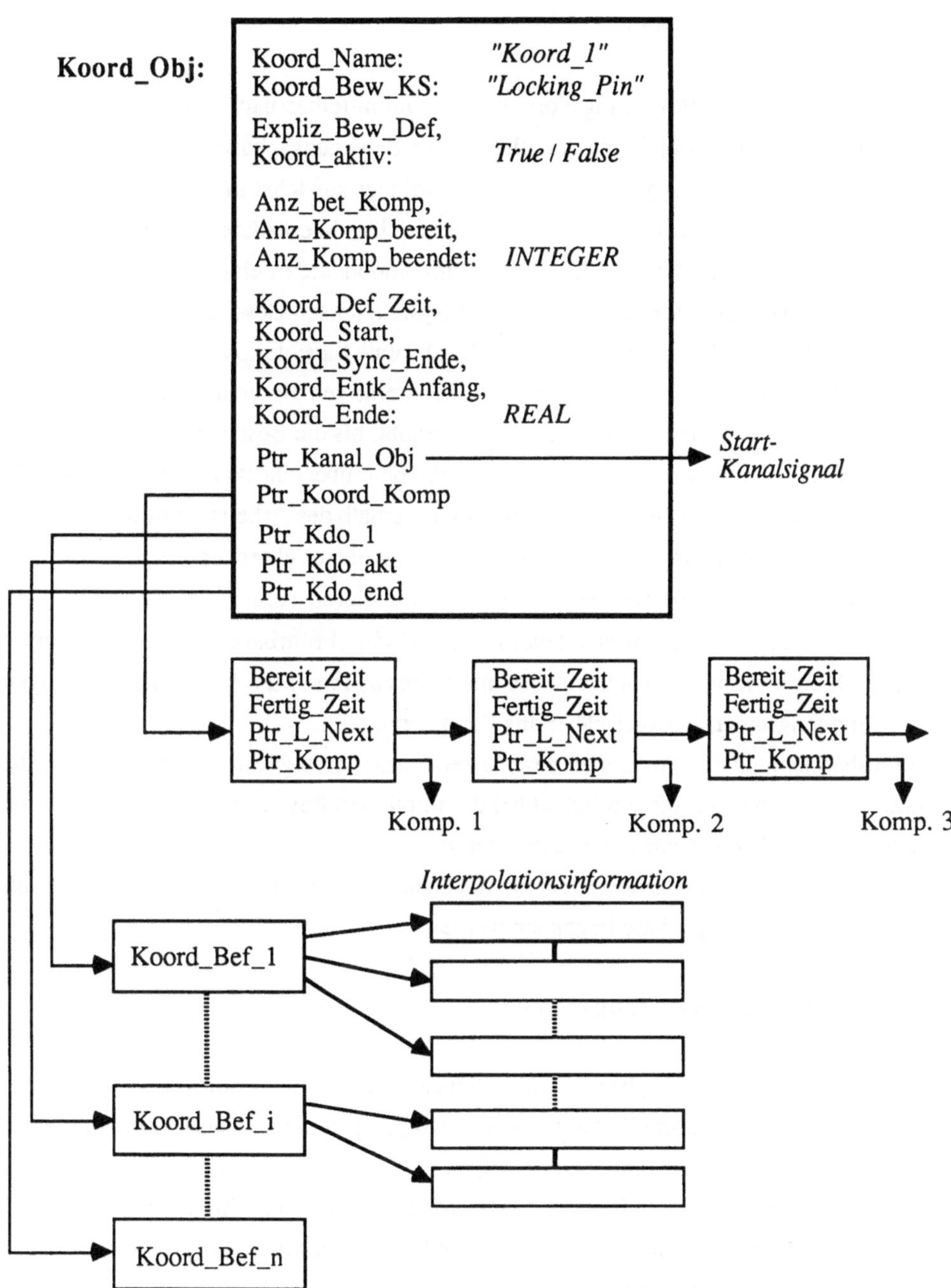

Bild 2.27: Struktur eines Koordinationsobjekts

2.7.3.2 Synchronisierphase

Im Falle einer expliziten Bewegungsvorgabe kann unmittelbar nach Eintreten der Start-
freigabe durch das Ereignisobjekt mit der allgemeinen Bewegungsphase begonnen werden.
Bei einer impliziten Bewegungsvorgabe muß der Roboter zunächst mit der Bewegung des
Koordinationsframes synchronisiert werden. Im Falle eines Werkstücks auf dem laufenden
Fließband bedeutet das, daß der Roboter als Folgekomponente in einem bestimmten Syn-
chronisierframe relativ zum Werkstückkoordinatensystem dessen Geschwindigkeit erreichen
muß. Die Zeitdauer und damit verbunden auch die absolute Lage des Synchronisierframes in
der Umwelt (Roboterzelle) ergeben sich aus einer iterativen Berechnung, die von einer
Minimalzeit ausgeht und die Segmentzeit solange erhöht, bis die Beschleunigungsmaximalwerte des Roboters beim Synchronisiervorgang nicht mehr überschritten werden und gleichzeitig die resultierenden Synchronisierframes noch innerhalb des Arbeitsraums des Roboters
liegen. Unter Umständen kann es sich ergeben, daß der Roboter überhaupt nicht in der Lage
ist, sich auf das bewegte Master-Frame zu synchronisieren (Fließband zu schnell). In
diesem Fall meldet die Programmiersteuerung die Undurchführbarkeit der koordinierten
Bewegung; hieraus können Rückschlüsse über vorzunehmende Änderungen gezogen
werden (Band langsamer, Roboter näher ans Band heran o.ä.).
Die Vorausberechnung der Positionen des Master-Frames erfolgt durch Extrapolation, die
aufgrund der konstanten Geschwindigkeit bei der impliziten Bewegungsvorgabe eine Linie
äquidistanter möglicher Synchronisierpunkte liefert.
Nach Erreichen des Synchronisierframes ist die Synchronisierphase beendet, es kann mit
der allgemeinen Bewegungsphase begonnen werden.

2.7.3.3 Allgemeine Bewegungsphase

In der allgemeinen Bewegungsphase werden Bewegungen für das Koordinationsframe explizit definiert bzw. sie sind implizit durch eine Bewegung mit konstanter Geschwindigkeit
vorgegeben. Die beteiligten Komponenten folgen der Bewegung; sie können hierbei noch
Offset-Bewegungen relativ zur Bewegung des Masterframes ausführen. Im Beispielfall
"Greifen eines Werkstücks vom bewegten Fließband" wären das Anrück- und Abrückbewe-
gungen des Roboters relativ zum Werkstück, für die entsprechende Offset-Bewegungs-
befehle existieren. Beim gemeinsamen Transport eines Werkstücks durch mehrere Roboter
bleibt die Framerelation Roboter <-> Koordinationsframe konstant, d.h. die Offset-Bewegungen werden mit Parameterwerten =0 ausgeführt.
Die allgemeine Bewegungsphase stellt den eigentlichen Teil der Koordinationsaufgabe dar.
In ihr bewegen sich Koordinationsframe und Komponenten synchronisiert zueinander, was

eine Voraussetzung für Interaktionen mitten in Bewegungen ist (ein Werkstück wird vom laufenden Fließband gegriffen und an die Struktur (Roboter) umgehängt).
Zur Beendigung der koordinierten Bewegungen muß noch eine Entkopplung der beteiligten Komponenten vorgenommen werden.

2.7.3.4 Entkopplung

Um die beteiligten Komponenten aus dem Koordinationsmodus wieder in ihren autonomen Bewegungsstatus zu überführen, ist eine Entkopplungsphase notwendig.
Durch einen Befehl "Koordination Ende" wird der Koordinationsmodus aufgehoben. Im Falle einer impliziten Bewegungsvorgabe, bei der sich das Koordinationsframe mit konstanter Geschwindigkeit bewegt, muß die Komponente vorher durch einen Bewegungsbefehl "Bewegung_Stop" aus der Koordinationsbewegung ausgekoppelt werden. Bei der expliziten Bewegungsvorgabe kann sich jede Komponente individuell durch den Befehl "Koord_ Ende" aus der koordinierten Bewegung lösen. Eine Entkopplung durch eine explizite Bewegung ist hier nicht nötig, da das Koordinationsframe nach jedem Bewegungsbefehl in Ruhe ist.
Durch die Entkopplung und das Aufheben des Koordinationsmodus wird die gesamte Koordinationsprogrammeinheit beendet.

2.7.4 Beispiele

Die folgenden vier Beispiele demonstrieren Anwendungsmöglichkeiten und Funktionsprinzip der Koordination.

96

Beispiel 1 : *Roboter und Hilfskinematik (Zusatzachse), koordinierte Bewegungen*

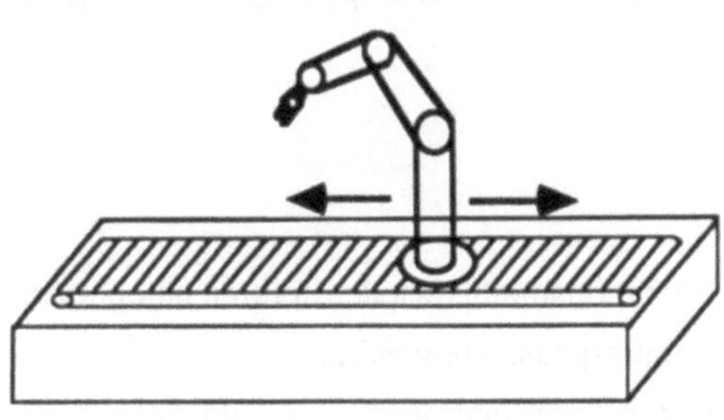

Der Roboter steht mit seinem Sockel auf einer translatorischen Zusatzachse (Schlitten), die zur Vergrößerung des Arbeitsraums des Roboters dient (z.B. Punktschweißen entlang einer Autokarosserie). Der TCP des Roboters soll während einer Bewegung der Zusatzachse konstant (in Relation zur Umwelt) bleiben.

Koordinationsframe: Das Frame, das den TCP des Roboters bei Bewegungsstart relativ zur Umwelt beschreibt

Koordinationsart: implizit mit /v/=0

Aufgrund der Bewegung der Zusatzachse wird automatisch eine Bewegung des Roboters definiert, der als Koordinationsfolger die Bewegung des Schlittens ausgleichen muß. Die benötigte Zeit des Roboters wird bei der Bewegungsplanung der Zusatzachse berücksichtigt.

Beispiel 2 : *Roboter mit Roboter, Werkstückhandhabung*

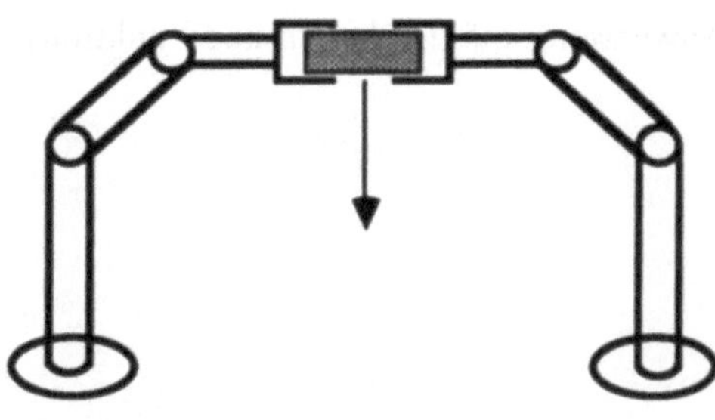

Zwei Roboter sollen gemeinsam ein Werkstück transportieren.

Koordinationsframe: das lokale Koordinatensystem des Werkstücks
Koordinationsart: explizit

Die Bewegung des Werkstücks wird explizit definiert. Es können geradlinige und Kreisbahnsegmente sowie reine Orientierungsänderungen verwendet werden. Die Bewegungszeiten ergeben sich aus Minimalwerten für beide Roboter.

Beispiel 3 : *Roboter mit Roboter, Simultanes Verfahren (mit Offset)*

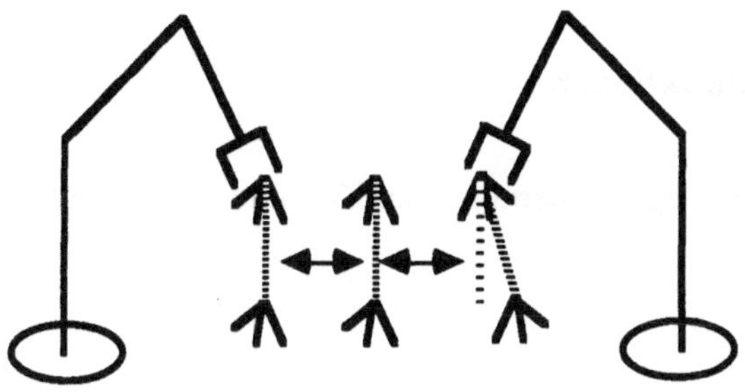

Zwei Roboter sollen simultan eine bestimmte Bahn abfahren.

Koordinationsframe: ein Startframe auf der Bewegungsbahn
Koordinationsart: explizit

Die Bewegungsdefinition erfolgt analog zum Werkstücktransport. Zusätzlich wird hier noch eine Offsetfunktion der Bahn eines Roboters überlagert.

Beispiel 4 : *Roboter mit Hilfskinematik (Fließband), Greifen eines Werkstücks*

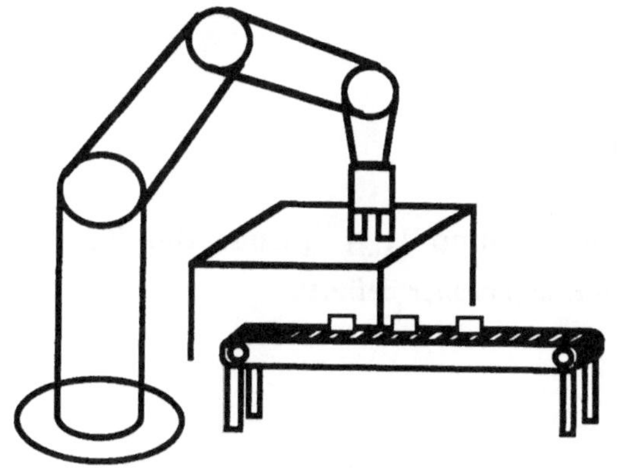

Ein Roboter soll von einem laufenden Fließband ein Werkstück greifen.

Koordinationsframe: der Ablagepunkt des Werkstücks auf dem Band
Koordinationsart: implizit mit $/v/ \neq 0$

Das Fließband bewegt sich mit konstanter Geschwindigkeit. In der Synchronisierphase wird der TCP des Roboters auf diese Geschwindigkeit beschleunigt. Daraufhin erfolgen Anrücken, Greifen des Werkstücks und Abrücken. Nach erfolgter Abrückbewegung ist die Koordination beendet.

Diese Anwendung der Koordination ist im "Programm zur Beispielzelle" in Kapitel 3.3 ausführlich programmtechnisch dokumentiert.

2.7.5 Systemseitige Koordinationsfunktionen

Folgende allgemeinen Befehle stehen zur Programmierung einer Koordinationsbewegung zur Verfügung:

[Def_Koord]
("Definiere Koordinationsobjekt")
Durch diesen Befehl wird ein Koordinationsobjekt angelegt.
Parameter: Name des Koordinationsobjekts
Unterscheidung: explizit / implizit
Name des Koordinationsframes

[Koord_Komp]
("Koordinations-Komponente")
Die angegebene Komponente ist an der Koordination beteiligt.
Parameter: Name der Komponente

[Ende_Def_Koord]
Beendigung der Definition des Koordinationsobjekts.

Durch die Sequenz **[Def_Koord]** - **[Koord_Komp]**$_{1..n}$ - **[Ende_Def_Koord]** wird ein Koordinationsobjekt mit n beteiligten Komponenten definiert.

[Koord_Ende]
("Ende der Koordinationsbewegung")
Eine Komponente beendet ihre Beteiligung an der koordinierten Bewegung. Als Kommando des Koordinationsobjekts selbst wird hierdurch der Koordinationsmodus aufgehoben.

2.7.6 Randbedingungen und Schwierigkeiten

Das Zusammenwirken von Komponenten bei Aktionen im Koordinationsmodus ist mit einigen Schwierigkeiten verbunden. Da die Bewegungsplanung für das Koordinationsframe alle beteiligten Aktoren und deren technische Randbedingungen berücksichtigen muß, sind nur Bewegungen innerhalb eines engen Parameterspielraums ausführbar.

Das Beispiel 2 (gemeinsame Handhabung eines Werkstücks durch zwei Roboter) zeigt, daß zur Durchführung einer Werkstückbewegung beide Roboter alle Referenzframes anfahren können müssen. Der tatsächlich verfügbare Bewegungsraum des Werkstücks ist hierdurch stark beschränkt. Die Orientierung des Werkstücks kann z.B. nur innerhalb eng gesetzter Grenzen geändert werden. Bei der Planung eines Bewegungssegments müssen kartesische Maximalwerte für Geschwindigkeiten und Beschleunigungen beider Roboter - TCP's in die Berechnung der Segmentzeit eingehen. Voraussetzung hierzu ist, daß nur Bewegungsarten zugelassen sind, bei denen durch eine Erhöhung der Segmentzeit die resultierenden Geschwindigkeiten und Beschleunigungen auch niedriger werden; nur so kann eine für alle Komponenten einhaltbare Bewegungszeit durch Erhöhung in diskreten Schritten iterativ berechnet werden.

In Beispiel 4 (Greifen eines Werkstücks vom laufenden Band) ist die Bewegung des Koordinationsframes implizit vorgegeben. Der Roboter, der das Werkstück greifen soll, muß sich zuerst mit der Bandgeschwindigkeit synchronisieren; danach erfolgt die Greifsequenz für das Werkstück. Ist die Geschwindigkeit des Bandes zu hoch, dauert der Synchronisiervorgang zu lange, und das Werkstück ist aus dem Arbeitsbereich des Roboters herausgefahren, bevor die Greifsequenz gestartet werden kann.

In ähnlicher Weise treten bei anderen Anwendungen des Koordinationsmodus Schwierigkeiten auf. Der Simulationslauf ist hier das geeignete Testmittel, um etwa in Beispiel 4 festzustellen, mit welcher Geschwindigkeit das Fließband betrieben werden kann, so daß der Roboter das Werkstück gerade noch "erwischt". Bei der koordinierten Zweiarmmontage werden durch die Simulation die Manipuliermöglichkeiten von Werkstücken mit zwei Robotern untersucht.

Insofern ist der Koordinationsmodus in SP^{3}R ein geeignetes Testbett für Definition und Ausführung von Aktionen unter Beteiligung mehrerer Komponenten. Durch eine Überprüfung aller Restriktionen und technischen Randbedingungen der Komponenten werden nicht einhaltbare Koordinationsvorgaben bei der Ausführung erkannt.

Durch eine Korrektur von Parametern kann getestet werden, ob überhaupt und wie die konzipierte Koordinationsaufgabe durchführbar ist.

2.8 Simulationsergebnisse

Durch die Simulation können alle Schritte vom Layoutentwurf der Roboterzelle über die schrittweise Erstellung von Komponentenprogrammbefehlen bis zur Analyse und zum download fertiger Programme auf der Basis eines Modells durchgeführt werden. Der Simulationslauf bei der Programmierung der Roboterfertigungszelle liefert hierbei einige Ergebnisse, die im folgenden aufgelistet werden.

2.8.1 Entwicklung, Test und Bewertung von Programmen in der Roboterzelle

Der Programmierer kann ein neues Anwendungsprogramm Schritt für Schritt im Dialog mit dem System entwickeln. Durch die interpretative Abarbeitung wird ein einzelnes Kommando direkt bei der Eingabe syntaktisch überprüft und anschließend im Simulationsmodus ausgeführt. Das Kommando wird semantisch auf seine Gültigkeit und Zulässigkeit im Kontext des gerade ablaufenden Programms untersucht. Im Fehlerfall wird an den Programmierer eine entsprechende Meldung ausgegeben, die die Fehlerursache kennzeichnet und damit die Möglichkeit bietet, durch Variation von Parametern oder Auswahl eines anderen Kommandos den Programmablauf zu korrigieren. Eine wesentliche Hilfe sind in diesem Zusammenhang die Rücksetzmechanismen in SP^3R (siehe Kap. 2.4.3.3), die es gestatten, Programm und Roboterzelle auf einen bestimmten Ablaufzeitpunkt zurückzusetzen, um den folgenden Programmabschnitt zu modifizieren.

Durch die Erstellung von Programmen im Dialog mit dem System und den sofortigen semantischen Test liegt nach Abschluß einer Simulationssitzung ein verifiziertes Programm vor. Der Simulationslauf liefert nicht nur qualitative Aussagen über die Durchführbarkeit von Programmen; auch quantitative Größen wie Programmdauer, Höchstwerte der Robotergelenkgeschwindigkeiten, Entfernungen von Arbeitsframes zur Arbeitsraumgrenze eines Roboters, zurückgelegte Fahrstrecken werden gewonnen.

Aufgrund dieser Größen lassen sich Zell-Layouts und entworfene Programme bewerten, vergleichen und verbessern. Der Prozeß der Projektierung einer neuen Anwendung wird durch die quantitative Analyse in der Simulation gut unterstützt. Programme können im Hinblick auf Zykluszeiten optimiert werden, und es läßt sich die günstigste Anordnung aller Produktionskomponenten in der Zelle finden.

2.8.2 Archivierung von Programmen und download

Die in der Simulation erstellten Programme werden als Folge von Benutzerkommandos zu den Komponenten der Roboterzelle gespeichert. Durch eine Archivierung der Befehlslisten bietet sich die Möglichkeit, zu einem späteren Zeitpunkt einzelne Programmabschnitte in größere Programmeinheiten zu integrieren.

Zur Generierung von Steuercode für reale Produktionskomponenten müssen Postprozessoren eingesetzt werden, die die universelle Programmiersprache in SP^3R in Kommandos in der Syntax der individuellen Komponentensteuerung umsetzen. Für eine Untermenge der SP^3R- (ROSI-) Kommandos wurde ein solcher Sprachprozessor zur Steuerung eines Puma 260-Roboters mit VAL-Programmiersystem realisiert /Roth 87/.

Bei der Umsetzung von Programmen in einer universellen Sprache in komponentenspezifischen Steuercode ergeben sich Schwierigkeiten, wenn die Sprachstrukturen nicht durch 1:1-Abbildungen semantisch korrekt ineinander überführt werden können. Das betrifft in SP^3R insbesondere die Konstrukte zur Definition von Synchronisation und Koordination, die in vielen realen Komponentensteuerungen nicht enthalten sind.

Hier kann der Simulationslauf lediglich als idealisierte Studie einer Anwendung angesehen werden; zur Erzeugung real ablaufender Programme müssen von Hand Hilfskonstrukte in der Steuersprache der Komponente eingebaut werden, die das simulierte Programm ungefähr widerspiegeln.

2.8.3 Graphische Visualisierung der Programme

Die während des Simulationslaufs gewonnene Bewegungsinformation wird zur Animation der Graphikstrukturen auf dem Bildschirm verwendet.
Durch die Ausführung der Programmbefehle im Interpolationszeitraster Δt_sim werden ständig neue Robotergelenkstellungen, Fahrzeugpositionen, Werkstücklagen und andere dynamische Zellgrößen berechnet. Da ein Update-Zyklus der Graphikstrukturen relativ viel Zeit in Anspruch nimmt und somit eine graphische Animation im Interpolationszeitraster den Simulationslauf sehr langsam macht, kann als sogenanntes Graphik- oder Visualisierungsraster Δt_vis ein Vielfaches von Δt_sim gewählt werden. Je nach Wert von Δt_vis gibt die Graphik vergröbert oder detailliert die Abläufe in der Simulation wieder. Zusätzlich zur Graphik wird in einem Programmierfenster alphanumerische Information über die wichtigsten Zellzustandsgrößen ausgegeben.
Bei in der Komplexität begrenzten Zellstrukturen (ca. 3 bis 5 aktive Komponenten, einfache Geometriemodelle) und einem Graphikraster Δt_vis von z.B. 50 ms kann eine Darstellung der Abläufe mit Kantenmodellen in Echtzeit erfolgen. In einer Sekunde real ablaufender Zeit

102

werden demnach auch tatsächlich 20 Updateschritte auf dem Graphikbildschirm vollzogen; die Simulation läuft als "Film" ab. Als Hardwaregrundlage für diese Leistungsdaten dienen eine VAX-Station 3520 der Fa. DEC und eine Graphikstation PS390 der Fa. Evans& Sutherland mit Ethernetkopplung.

Komplexere Szenen, detaillierter modellierte Geometrieobjekte oder eine geringere Schrittweite des Visualisierungsrasters führen dazu, daß die Abläufe verlangsamt dargestellt werden. Bei stehenden Szenen kann jedoch eine Aufbereitung des Bildes durch hidden line- und shading- oder sogar ray tracing-Algorithmen erfolgen, die ein realistischeres Abbild der Roboterszene erzeugen.

In Kapitel 3.3 sind einige Bilder von der graphischen Ausgabe zum Programm in der Beispielzelle enthalten, die die Darstellung der Abläufe auf dem Graphikbildschirm aus unterschiedlichen Blickwinkeln demonstrieren.

2.8.4 Kollisionstest

Ein großes Problem bei der Programmierung von Roboterzellen ist das Erkennen und Vermeiden von Kollisionen. Planungsverfahren, bei denen von vornherein kollisionsfreie Bewegungsbahnen berechnet werden, sind z.B. in /Ger 85/ oder /Loz 81/ beschrieben. All diesen Verfahren gemein ist eine sehr hohe Komplexität mit entsprechend zeitaufwendigen Algorithmen.

Einfacher als das Problem der Kollisionsvermeidung ist das bloße Erkennen von Kollisionen. Bei der Simulation von Roboteranwendungen werden in der Regel dreidimensionale Geometriemodelle verwendet. Einer Kollision zwischen zwei Objekten entspricht in der Modellwelt eine Durchdringung der Volumenelemente der Objekte, so daß ein Erkennungsalgorithmus auf der Untersuchung möglicher Schnitte zwischen 3D-Geometrievolumen basiert.

Auch diese Algorithmen sind noch recht zeitaufwendig. Für Anwendungen in Roboterzellen genügen oftmals vereinfachte Verfahren, die zwar nur vergröberte Aussagen über mögliche Kollisionen bei Bewegungen liefern, aber wesentlich schneller sind. Bei zwei nebeneinanderstehenden Robotern in einer Arbeitszelle kann das bedeuten, daß Kollisionen zwischen beiden Robotern bei größeren Transferbewegungen erkannt werden, daß aber keine Aussagen über die Verhältnisse bei komplizierten Feinbewegungen (Fügen von Teilen) gemacht werden können. Hier muß sich der Anwender dann durch eine detaillierte visuelle Kontrolle selbst einen Überblick über die Situation verschaffen.

In SP^{3}R ist zum Zweck einer schnellen Kollisionserkennung ein Verfahren enthalten, das auf einem zweidimensionalen Ansatz basiert und im folgenden kurz beschrieben wird.

Bei dem Verfahren /Scha 89/ werden Schnitte von Volumenelementen (Polyedern) durch Schnitte von Polygonen in der Ebene approximiert untersucht. Hierzu werden die in der Zelle vorhandenen 3D-Geometrien auf die drei Grundebenen projiziert. Für jedes Geometrieelement wird die konvexe Hülle gebildet; die konvexen Hüllen in der Ebene werden auf Überschneidungen getestet. Nur wenn in allen drei Projektionsebenen zwischen zwei Objekten eine Überschneidung auftritt, kann prinzipiell eine Kollision vorliegen; diese Information wird dem Programmierer in einer Statuszeile übermittelt. Der Algorithmus wird von der Systemsteuerung aufgerufen und rechnet mögliche Kollisionen für ein gewisses Zeitintervall (t_{Anfang}, t_{Ende}) durch, in dem für alle Komponenten die Interpolationsinformation vorliegt (siehe Bild 2.28).

Bild 2.29 zeigt beispielhaft eine Kollision zwischen einem Roboter und einem Fahrzeug im Verlauf zweier Bewegungen, einen vergrößerten Detailausschnitt sowie die Überschneidungen der konvexen Hüllen in den drei Projektionsebenen.

Der in SP^3R enthaltene Algorithmus liefert zwar keine exakten Aussagen, stellt aber auf jeden Fall eine tatsächlich auftretende Kollision fest und ist daher sowie aufgrund nicht völlig unakzeptabler Rechenzeiten ein tragbarer Kompromiß, der dem Programmierer eine gewisse Unterstützung zur Erkennung von Kollisionen vor allem bei Bewegungen mit größerem Aktionsradius und bei vielen bewegten Komponenten bietet.

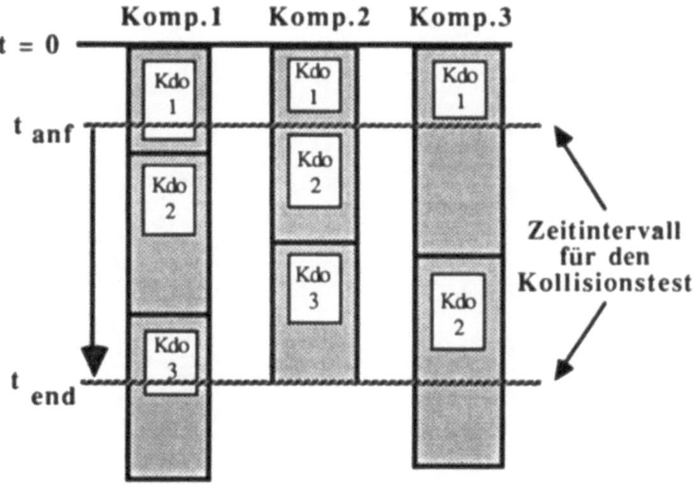

Bild 2.28: Kollisionstest für drei aktive Komponenten über ein Zeitintervall

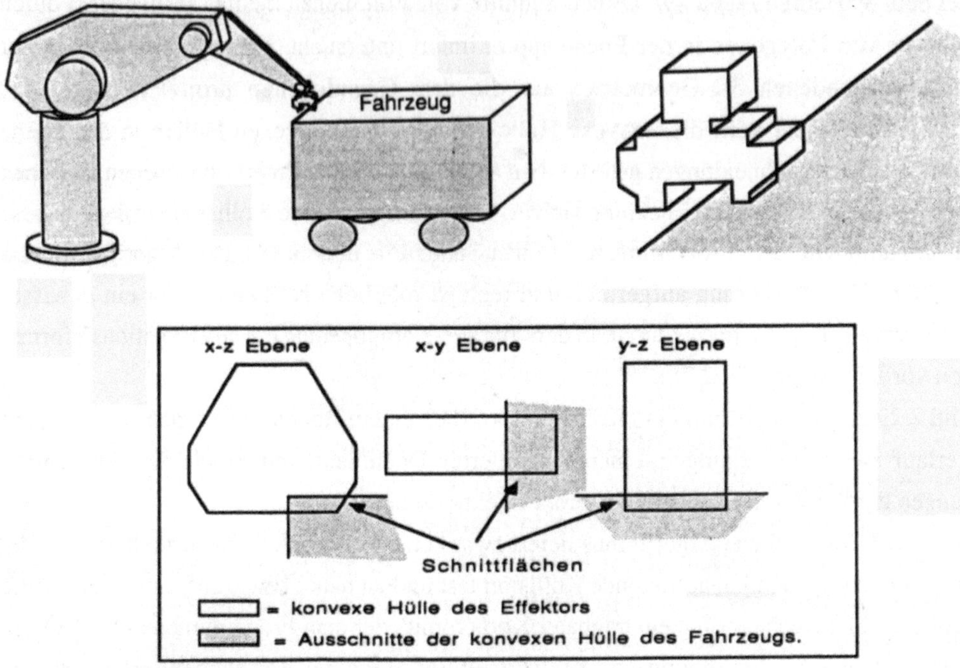

Bild 2.29: Kollision zwischen Roboter und Fahrzeug mit 2D-Projektionen

3 Systemumgebung, Implementierung, Programmbeispiel

In Kapitel 3 wird die Systemumgebung von SP^{3}R, das Robotersimulationssystem ROSI, beschrieben. ROSI wird zunächst in seiner Struktur und vom Zusammenspiel der Komponenten her dargestellt; daraufhin wird die Einbettung von SP^{3}R als Modul in ROSI beschrieben. Es folgt ein Überblick über die Programmstruktur von SP^{3}R mit Ablaufdiagrammen der Arbeitsmodi "Offline-Programmierung" und "Simulation". Im Anschluß wird ein Programmbeispiel zu der Roboterzelle aus Kapitel 2 behandelt.

3.1 Das Robotersimulationssystem ROSI

Das System ROSI wurde konzipiert zur Projektierung von Roboteranwendungen mit Hilfe eines graphischen Simulationssystems. In ROSI können alle Schritte zur Planung einer robotergestützten Fertigungsaufgabe wie Auswahl der Produktionskomponenten, Erstellung des Layouts der Roboterzelle, Programmierung der Handhabungsgeräte, Test und download der Programme durch Simulation durchlaufen werden.

Bild 3.1 zeigt die modulare Struktur des Systems ROSI.

Die Datenhaltung stellt die zentrale Komponente dar. Das Modell der Fertigungszelle als Nachbildung der realen Produktionsumgebung wird hier gespeichert und verwaltet. Zur Archivierung der Modelle einzelner Zellkomponenten existieren Bibliotheken, in denen jeweils Objekte einer bestimmten Klasse enthalten sind. Die Datenhaltung ist in ROSI nach einem relationalen Schema konzipiert und mit Hilfe einer Datenbank realisiert.

Über den Modelliermodul können zum einen Betriebsmittelmodelle wie Roboter, Hilfskinematiken und Sensoren definiert werden, andererseits kann die Anordnung der Produktteile und Geräte bestimmt werden (Layoutplanung). Zur Geometriemodellierung werden die CAD-Systeme ROMULUS und EUCLID eingesetzt. Die Übertragung von Geometriedaten ins Simulationssystem erfolgt mittels einer eigenentwickelten Datenaustauschschnittstelle.

Über die Benutzerschnittstelle kommuniziert der Bediener mit dem System. Zur Spezifikation von Bewegungsparametern können graphische Eingabegeräte wie Maus, Drehgeber, Tablett eingesetzt werden. Die Auswahl der Systemfunktionen erfolgt menügesteuert.

Der Programmiermodul übernimmt die Abarbeitung der Programmierbefehle für die Roboterzelle. Er steuert die simulierte Abarbeitung der Befehle und die visuelle Darstellung der Abläufe. Zur Ausführung der Komponentenfunktionen werden Emulatoren eingesetzt, die die funktionalen Eigenschaften der aktiven Komponenten durch Software nachbilden.

Der Graphikmodul generiert die graphische Datenstruktur zur Darstellung der Roboterzelle. Zur Visualisierung der Handhabungsabläufe in der Roboterzelle existieren Funktionen, mit Hilfe derer Szenenfolgen in Realzeit auf dem Bildschirm erzeugt werden können.

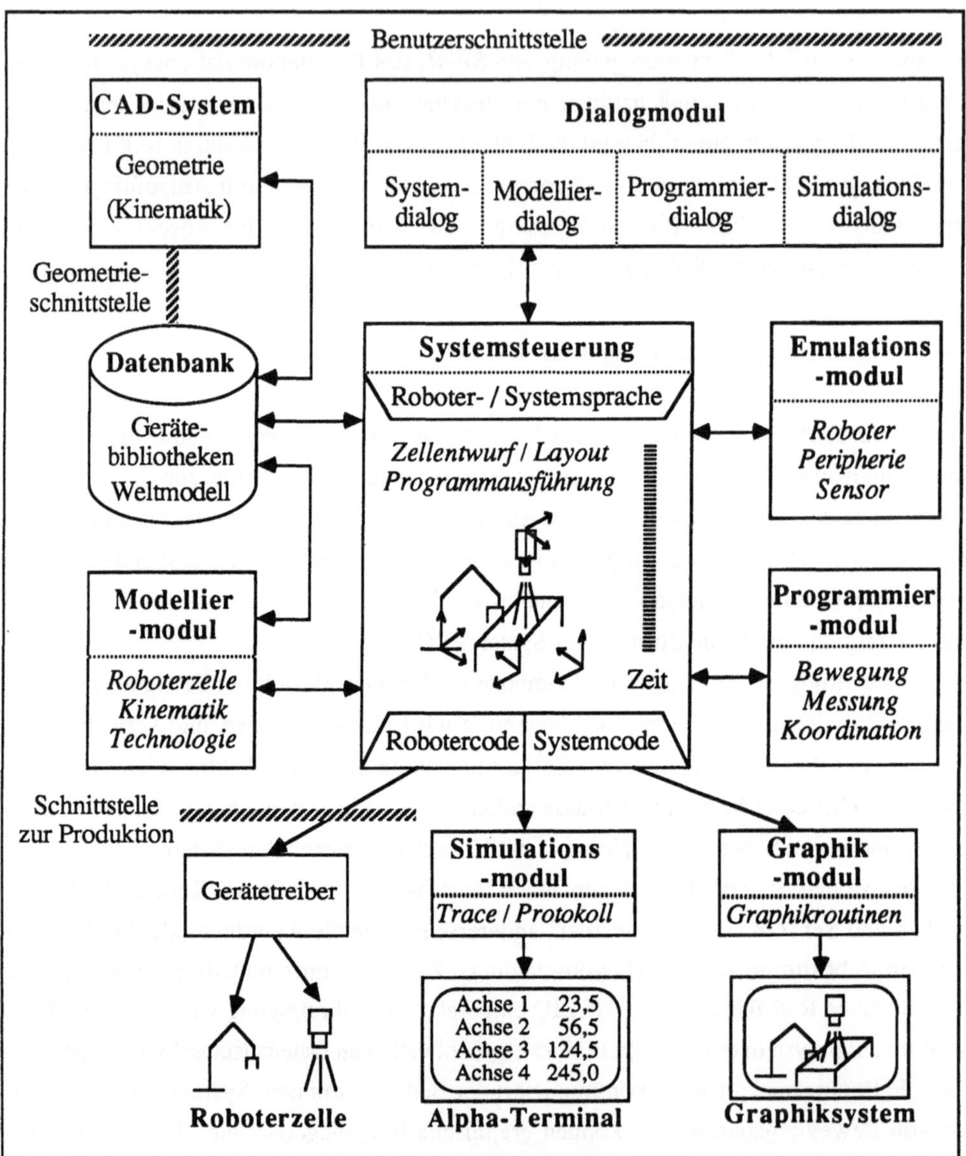

Bild 3.1: Struktur des Robotersimulationssystems ROSI

Über Gerätetreiber kann aus den Simulationsprogrammen Steuercode für reale Fertigungskomponenten abgeleitet werden.

Soweit der allgemeine Überblick über das Simulationssystem ROSI; im folgenden werden die Anknüpfungspunkte von SP^3R an ROSI wie Ableitung des Modells, Aktualisierung der Laufzeitdaten und der Aufbau der Dialogschnittstelle näher ausgeführt.

3.2 Implementierung von SP^3R

3.2.1 Einbettung und Schnittstellen SP^3R <-> ROSI

ROSI-Datenmodelle und Ableitung des SP^3R-Modells

Über Funktionen des Modelliermoduls erstellt der Anwender in ROSI das gewünschte Layout einer Roboterzelle. Die Systemsteuerung baut während dieses Prozesses ein dynamisches Laufzeitmodell auf, das den Aufbau der Zelle mit den darin enthaltenen Komponenten widerspiegelt.

Als Basis dieses Modells dienen die Bibliotheken der ROSI-Datenhaltung, die die statischen Beschreibungsdaten zu allen im System definierten Komponenten enthalten. Beim Einbau einer Komponente in die aktuell bearbeitete Umwelt werden dynamische verzeigerte Datenstrukturen aufgebaut, die zur Darstellung zellspezifischer und zeitbehafteter Informationen benötigt werden. Beispiele hierfür sind die Position einer Komponente relativ zum Zellreferenzkoordinatensystem, die aktuellen Gelenkstellungen (im Falle eines Roboters) usw.. Die folgenden Diagramme verdeutlichen die Zusammenhänge am Beispiel eines Roboters. Bild 3.2 enthält in Ausschnitten die für einen Roboter relevante statische Beschreibungsinformation in der Roboterbibliothek, Bild 3.3 zeigt das hieraus abgeleitete dynamische Laufzeitmodell des Roboters.

Nach abgeschlossener Modellierung der Roboterzelle liegen für alle Komponenten die dynamischen Datenstrukturen vor, die zur Beschreibung des Zellzustands benötigt werden. Beim Übergang zur Programmierphase wird aus diesem Modell das SP^3R-Modell abgeleitet, das zusätzliche Daten für die Programmierung wie Bahnplanungskoeffizienten für einen Roboter enthält und die Komponentendaten in einer komprimierteren Form darstellt. Die SP^3R-Modellstruktur ist in Kapitel 2.3 beschrieben.

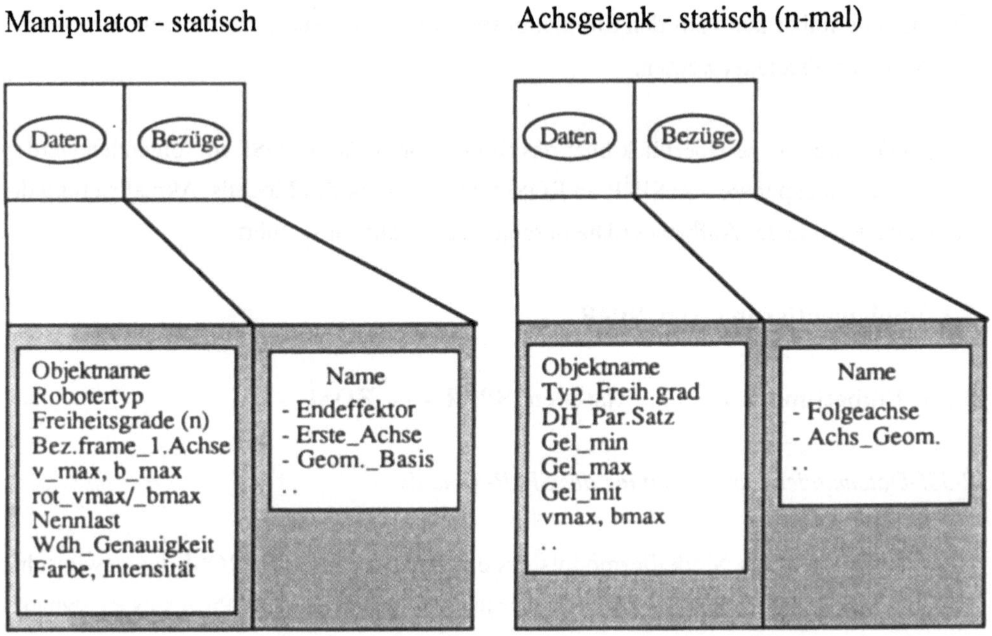

Manipulator - statisch

Achsgelenk - statisch (n-mal)

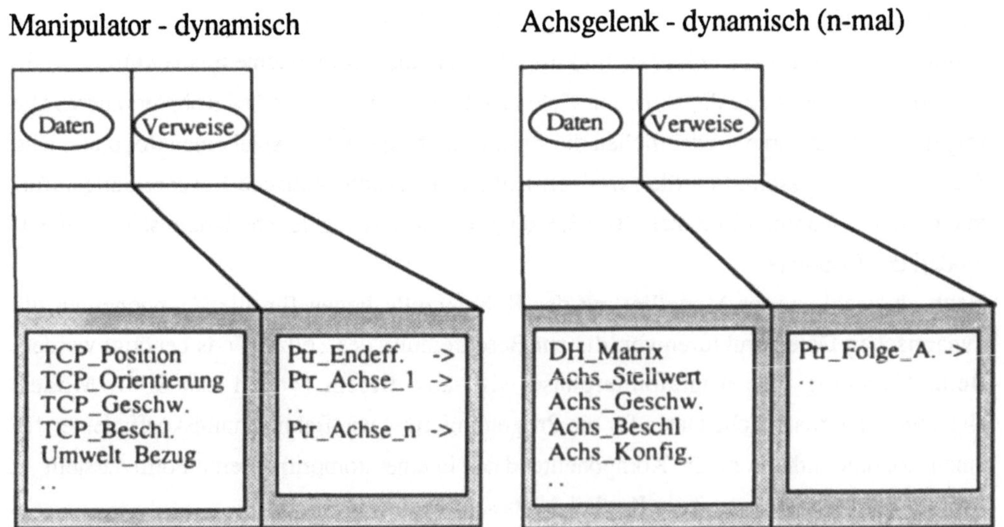

Bild 3.2: Statische Beschreibungsinformation der ROSI-Datenhaltung
zu einem Manipulator mit seinen Achsgelenken

Manipulator - dynamisch

Achsgelenk - dynamisch (n-mal)

Bild 3.3: Dynamische Daten der ROSI-Datenhaltung für einen Roboter in einer Umwelt

Aktualisierung der Laufzeitdaten durch die SP³R-Steuerung

Die Programmierung veranlaßt die Dynamik in der Roboterzelle. Hieraus ergibt sich keine strukturelle Änderung am topologischen Modell der Zelle, aber eine fortlaufende Aktualisierung der Laufzeitdaten der Komponenten. Variablen zur Beschreibung von Fahrzeugpositionen, Robotergelenkstellungen, Werkstückbezugsframes usw. erhalten neue Werte entsprechend den programmierten Aktionen. Die Änderungen resultieren aus dem Fortschalten der Komponenten im Interpolationszeitraster durch die Simulationssteuerung. Nach der Ausführung eines Interpolationszyklus auf Basis der Systemzeit t_n entspricht das SP³R-Modell der Roboterzelle zum Zeitpunkt t_{n+1}.

Im ROSI-Datenmodell, das noch dem Zeitpunkt t_n entspricht, wird durch die SP³R-Steuerung ein Update auf den Zeitpunkt t_{n+1} durchgeführt, so daß nach Abschluß eines Interpolationszyklus in beiden Modellen konsistent der neue Zellzustand repräsentiert wird.

Aufbau der Dialogschnittstelle von SP³R, Verwendung der Menütechnik von ROSI

Systemfunktionen sowie Befehle zur Modellierung und Programmierung werden in ROSI in Menüs angeboten. Die Menüs sind nach Funktionsgruppen aufgebaut und werden über Funktionstasten bedient. Ausgaben des Systems werden in spezifische Fenster plaziert, je nach Tätigkeit in das Modellier-, Programmier- oder Dialogfenster.

Die Befehle zur Programmierung mit SP³R sind untergliedert in die Gruppen Ablaufsteuerung, systemseitige Funktionen und spezifische Funktionen für die Komponentenklassen.

Zur Ablaufsteuerung zählen Kommandos zum Umschalten zwischen den Arbeitsmodi "Programmdefinition" und "Simulation" oder die Auswahl von Interpolations- und Visualisierungszeitraster.

Unter die systemseitigen Funktionen fallen Definition und Zuordnung bei Kanal- und Ereignisobjekten, Definition, Start und Beendigung von Bewegungen im Koordinationsmodus, Befehle zum Zurücksetzen des Programmzeigers.

Für jede Komponentenklasse existiert ein eigenes Untermenü, in dem die komponentenspezifischen Funktionen angeboten werden. Je nach Komplexität des Funktionssatzes sind die Befehle zu einer Klasse noch einmal in Untermenüs untergliedert. Bild 3.4 zeigt den Aufbau der Menüs am Beispiel der Komponentenklasse "Roboter mit Effektor" für eine TCP-Bewegung unter Signalkontrolle.

Zur Information des Bedieners über den Ablauf und den Zustand in der Roboterzelle sind eine Statuszeile und Ausgabefenster für die Komponenten vorhanden.

In der Statuszeile werden Simulationszeit und Fehler bei der Ausführung der programmierten Aktionen protokolliert. Über das Ausgabefenster kann sich der Bediener die Daten über den aktuellen Interpolationszustand einer Komponente anzeigen lassen.

Ergänzend zur graphischen Visualisierung auf dem Bildschirm kann der Simulationslauf durch die Protokollierung alphanumerischer Werte vom Bediener verfolgt werden.

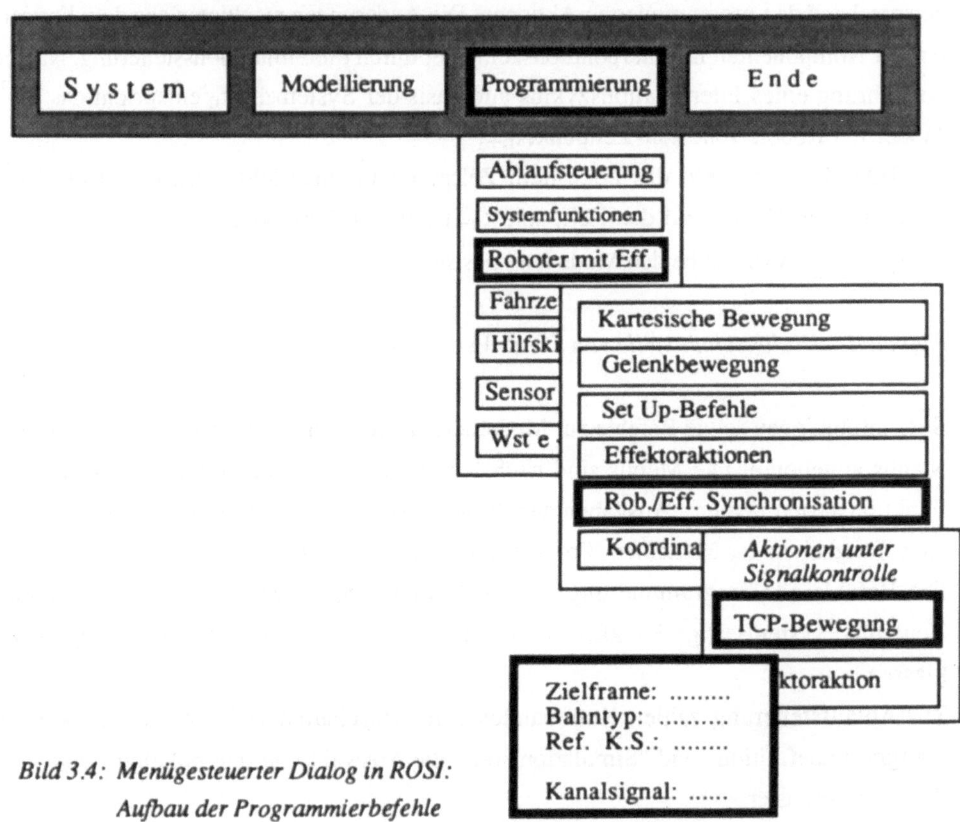

Bild 3.4: Menügesteuerter Dialog in ROSI:
Aufbau der Programmierbefehle

3.2.2 Die Programmablaufstruktur von SP^{3}R

Die Programmablaufstruktur in SP^{3}R soll in diesem Kapitel anhand von Flußdiagrammen und Übersichtsbildern erläutert werden. Zunächst werden die Gesichtspunkte aufgeführt, die beim Entwurf des Programms zu berücksichtigen waren und die schließlich zur Programmablaufstruktur von SP^{3}R geführt haben.

3.2.2.1 Gesichtspunkte beim Entwurf der Programmablaufstruktur

Nach der Modellierung einer Roboterzelle und dem Umschalten in den Programmiermodus muß zunächst das SP^3R-Modell aufgebaut und initialisiert werden. Hierunter fallen das topologische Modell der Roboterzelle, die klassentypspezifischen Beschreibungsblöcke und die Befehlslisten zu den Komponenten, die am Anfang natürlich leer sind. Die laufzeitspezifischen Daten der Komponenten werden mit Initialwerten, die dem Ausgangszustand in der Roboterzelle entsprechen, belegt. Zur Definition der Abläufe in der Zelle müssen die Komponenten programmiert werden. In einem "Programmdefinitionsmodus" werden die zu simulierenden Aktionen interaktiv oder durch Laden vordefinierter Befehlssätze für die Komponenten definiert; außerdem können systemspezifische Befehle eingegeben werden.

Im "Simulationsmodus" werden die Programmschritte parallel mit Hilfe der Simulationssteuerung und der globalen Zeitschnur abgearbeitet. Im Fehlerfall oder bei Erreichen des Ende einer Kommandoliste wird automatisch zur Programmkorrektur bzw. Eingabe neuer Kommandos in den "Programmdefinitionsmodus" umgeschaltet.

Es wird also je nach Zellstatus und Programmzeigerstand zwischen Programmdefinitions- und Simulationsmodus gewechselt, bis das Programm durch ein explizites Beenden der Komponentenaktionen mit "Stop_Prog"-Befehlen zum Abschluß gebracht wird.

Hieraus ergibt sich die Programmablaufstruktur in Bild 3.5.

3.2.2.2 Programmdefinitionsmodus

Im Programmdefinitionsmodus werden die system- und komponentenspezifischen Befehle definiert.

Systemspezifische Kommandos

Zu den systemspezifischen Kommandos zählen das Anlegen von Kanälen und Ereignisobjekten sowie die Zuordnung der Komponenten zu diesen Objekten. Im Falle eines Kanals wären das die Definition des Kanalobjekts, die Angabe der hineinschreibenden sowie die Angabe der auslesenden Komponente. Das systemseitige Setzen eines Kanals zu einem bestimmten Punkt auf der Zeitschnur fällt ebenfalls unter diese Kommandogruppe.

Mit "Def_Koord" wird ein Koordinationsobjekt definiert. Das maßgebliche Koordinationsframe, die Unterscheidung: explizite / implizite Bewegungsvorgabe sowie die beteiligten Komponenten müssen spezifiziert werden. Bei einer expliziten Bewegungsvorgabe werden Bewegungsbefehle zur Festlegung der Bahn des Koordinationsframes eingegeben.

Eine Änderung der AFFIX-Relation eines Werkstücks wird durch einen AFFIX-Befehl erreicht, der das Werkstück an die angegebene Komponente der Roboterzelle anhängt. Der AFFIX-Befehl wird als systemspezifisches Kommando dem betreffenden Objekt in der Liste der Werkstücke zugeordnet.

Komponentenspezifische Kommandos

Zur Programmierung der Komponenten wird die Liste der aktiven Komponenten sequentiell durchlaufen, wobei für jede Komponente der Zelle eine (beliebig lange) Kommandosequenz eingegeben werden kann. Die Eingabe erfolgt interaktiv im Dialog mit dem System oder durch Angabe einer Datei, aus der eine vordefinierte Kommandosequenz gelesen und an die aktuelle Befehlsliste angehängt wird. Definition und Speicherung der Kommandosequenz müssen in einem früheren Simulationslauf für die Komponente mit Hilfe von Programmspeicherbefehlen durchgeführt worden sein.

Bilder 3.6a und 3.6b zeigen die Abläufe im Programmdefinitionsmodus.

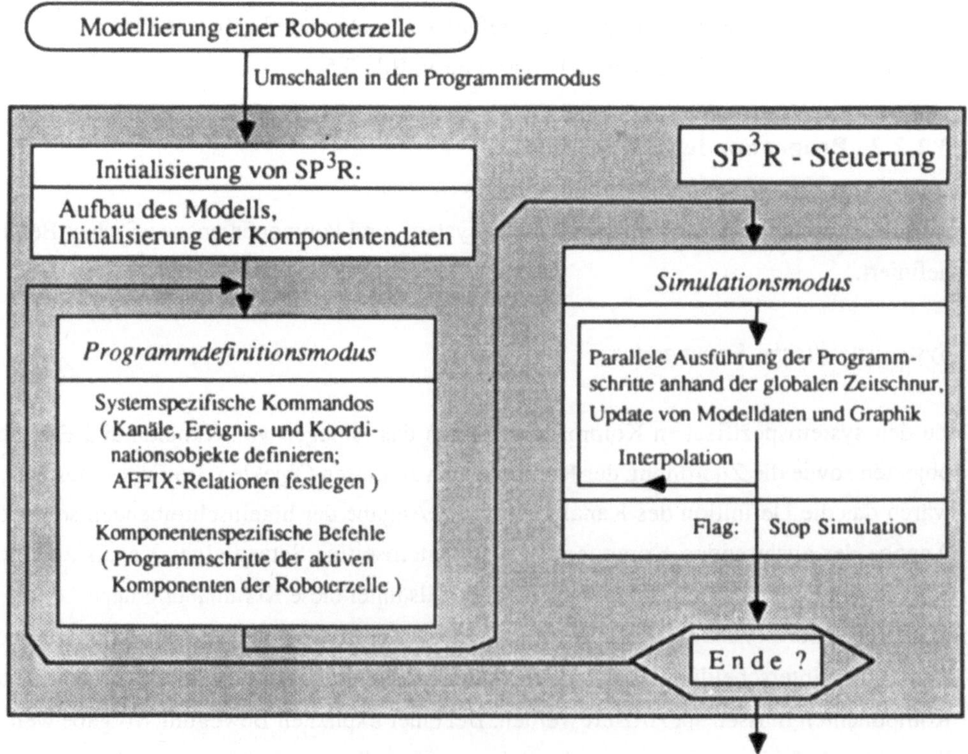

Bild 3.5: Programmablaufstruktur von SP³R

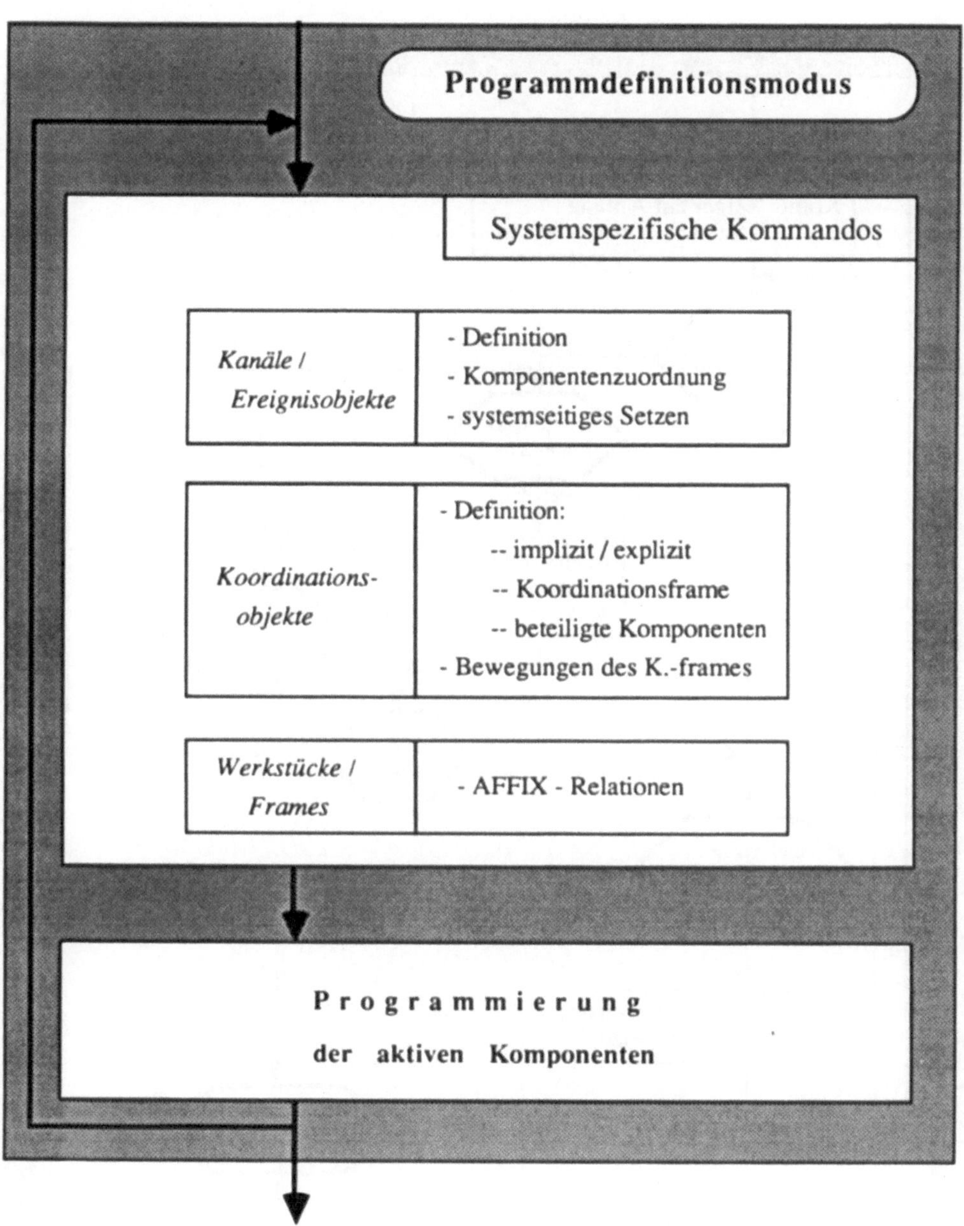

Bild 3.6a: Programmdefinitionsmodus

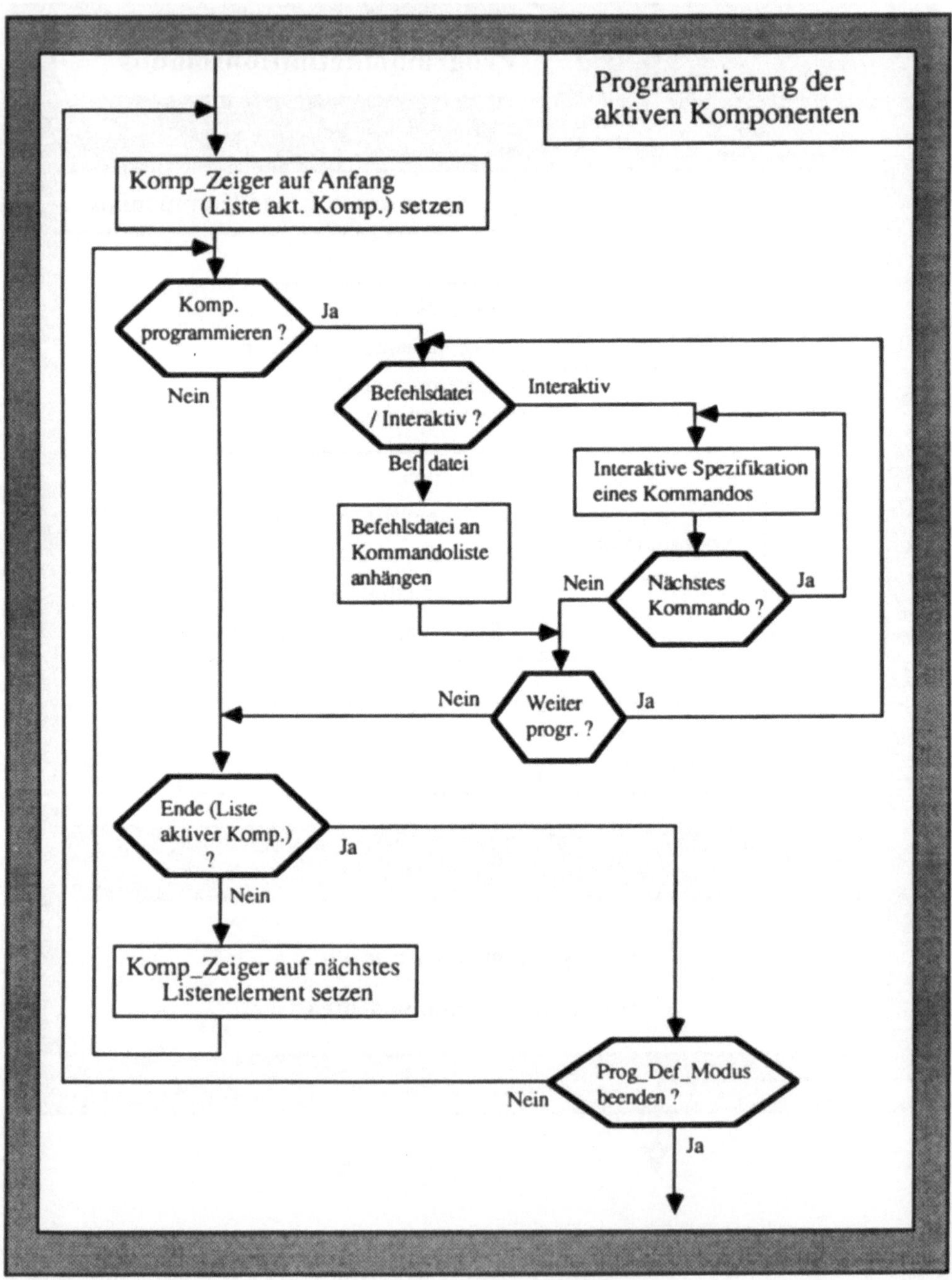

Bild 3.6b: Programmierung der aktiven Komponenten

3.2.2.3 Planung der Aktionen

Vor der Durchführung programmierter Aktionen müssen verschiedene Planungsschritte durchlaufen werden, die aus den vorgegebenen Parametern eines Kommandos den genauen zeitlichen Ablauf der Aktion vorausberechnen.

Planung von Komponentenaktionen

Die Parameter eines Bewegungsbefehls für eine Komponente legen in der Regel das Bewegungsziel und die Verfahrart dorthin fest. Hieraus müssen Zeitfunktionen errechnet werden, die den zeitlichen Verlauf der Bewegungsbahn analytisch exakt beschreiben und zur Interpolation der Bahn herangezogen werden können.

Im Falle eines Roboters müssen die maximalen Verfahrgeschwindigkeiten und -beschleunigungen bei der Berechnung der Bahnplanungskoeffizienten berücksichtigt werden. Aufgrund des nichtlinearen Zusammenhangs zwischen kartesischen und achsspezifischen Größen kann es bei kartesisch geplanten Bahnen passieren, daß sie wegen zu hoher Gelenkgeschwindigkeiten nicht in der ursprünglich geplanten Form ausführbar sind. Je nach Bahntyp kann hier durch eine iterative Berechnung mit jeweiligem Test die Zeitdauer der Bewegung (Segmentzeit) so weit erhöht und dadurch die Geschwindigkeit so weit gesenkt werden, daß die Bahn durchführbar wird.

Bewegungen von Komponenten der Klassen "Fahrzeug" und "Hilfskinematik" lassen sich problemlos planen, da hier keine Koordinatentransformationen vorzunehmen sind und deshalb von vornherein ausführbare Bahnfunktionen erzeugt werden können.

Die Emulation von Sensorfunktionen wurde in dieser Implementierung aufgrund ihrer Komplexität ausgeklammert. Das Setzen von Kanalsignalen durch Sensorbefehle muß daher von Hand simuliert werden.

Planung von Bewegungen im Koordinationsmodus

Bewegungen im Koordinationsmodus können mit expliziter oder impliziter Bewegungsvorgabe ausgeführt werden.

Bei Bewegungen mit expliziter Bewegungsvorgabe wird die Bahn des Koordinationsframes aus einem Satz geradliniger und kreisförmiger Bahnen ausgewählt. Hieraus resultiert für jeden Koordinationsfolger zusammen mit einer eventuell aufgeschalteten Offset-Bewegung die genaue Verfahrbahn zu einem Zielframe. Bei Kenntnis des Bahnverlaufs kann die benötigte Zeit errechnet werden. Das Maximum aller so ermittelten Komponentenzeiten legt die tatsächliche Zeit für die Koordinationsbewegung fest.

Eine implizite Bewegungsvorgabe mit /v/≠0 liegt vor, wenn das Koordinationsframe in AFFIX-Relation zu einer mit konstanter Geschwindigkeit bewegten Komponente liegt. Für die Bewegungen eines Roboters relativ zu diesem Frame ergibt sich somit hinsichtlich der Zeit keine Wahlfreiheit. Die programmierten Bahnen müssen in der vom Koordinationsframe vorgegebenen Zeit ausführbar sein; ansonsten ist die Koordinationsbewegung nicht machbar. Lediglich die Synchronisierbewegung des Roboters auf die Geschwindigkeit des Frames wird in ihrer Zeitdauer iterativ so berechnet, daß die Beschleunigungsmaximalwerte des Roboters eingehalten werden. Bei der Entkopplung kann ebenfalls die Zeit genügend groß gewählt werden, da ja bei dieser Bewegung kein Bezug zum Koordinationsframe mehr vorliegt.

Bei impliziter Bewegungsvorgabe mit /v/=0 kann bei der Bestimmung der Bewegungsdauer die Folgebewegung des beteiligten Roboters mitberücksichtigt werden.

3.2.2.4 Simulationsmodus

Im Simulationsmodus werden die programmierten Aktionen parallel ausgeführt. Mit jedem Schritt des Interpolationszeitrasters wird jede Komponente der Roboterzelle einen Takt weitergeschaltet.

Zunächst wird die Liste der Koordinationsobjekte durchgearbeitet. Die Position des zu bewegenden Koordinationsframes wird je nach Vorgabe auf der definierten Bahn bzw. mit der erzwungenen Geschwindigkeit verändert.

Anschließend wird die Liste aktiver Komponenten durchgearbeitet. Jede Komponente wird gemäß der programmierten Aktion durch Einsetzen der aktuellen Systemzeit in die Bahnplanungskoeffizienten in die hieraus resultierende Position bewegt.

Zum Schluß werden die systemspezifischen Kommandos ausgeführt. Während des Simulationslaufs sind das im wesentlichen AFFIX-Befehle für Werkstücke und das systemseitige Setzen eines Kanals.

Für jede Komponente wird bei der Kommandoausführung überprüft, ob der nächste Interpolationsschritt definiert ist, d.h. ob entweder der aktuelle Befehl noch weiter zu interpolieren ist oder ob ein nächster Befehl vorhanden ist. Ist das nicht der Fall, wird ein Flag gesetzt, das nach der Bedienung aller Komponenten anzeigt, daß in den Programmdefinitionsmodus zurückgesprungen werden muß. Im Fehlerfall wird ebenfalls automatisch in den Programmdefinitionsmodus zurückgesprungen.

Im Verlauf der Simulation besteht die Möglichkeit, die Kommandoabarbeitung durch eine Funktionstaste anzuhalten, d.h. zu unterbrechen. Nach Beendigung des aktuellen Interpolationsschrittes können systemspezifische Kommandos eingegeben werden, insbesondere Befehle zum Zurücksetzen des Programmzeigers.

In letzterem Fall wird für jede Komponente der zu diesem Zeitpunkt gültige Befehl gesucht und der entsprechende Interpolationszustand der Komponente hergestellt. Die nachfolgenden Kommandos können ganz oder teilweise übernommen werden; der Rest der Befehlsliste für die Komponente wird gelöscht. Wenn diese Schritte für alle Komponenten und auch für die systemspezifischen Kommandos durchgeführt worden sind, wird automatisch in den Programmdefinitionsmodus verzweigt, und die erforderlichen Programmkorrekturen können durch Anhängen neuer Befehle an die bestehenden Listen vorgenommen werden.

Die Bilder 3.7, 3.8 und 3.9 zeigen die Abläufe im Simulationsmodus.

Nach Ausführung eines Interpolationszyklus folgen die weiter oben beschriebenen Schritte der Aktualisierung von Modelldaten und Graphik sowie des Aufrufs des Kollisionstests.

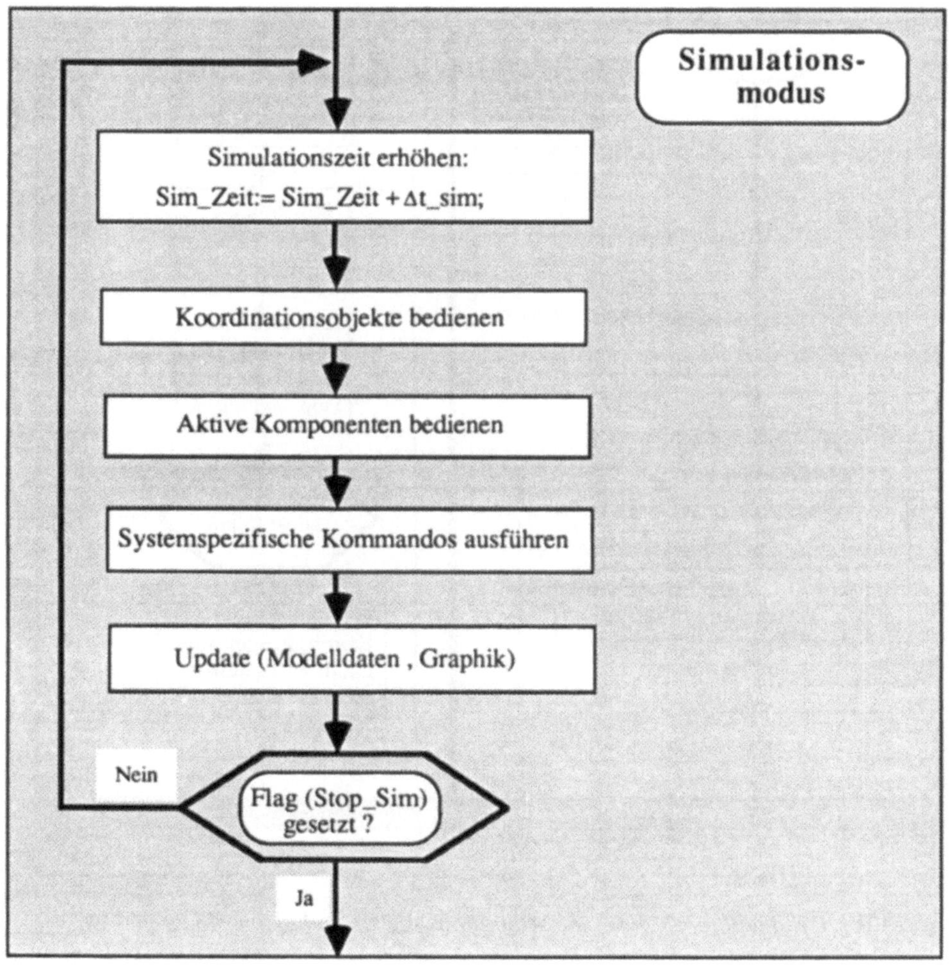

Bild 3.7: Ablauf im Simulationsmodus

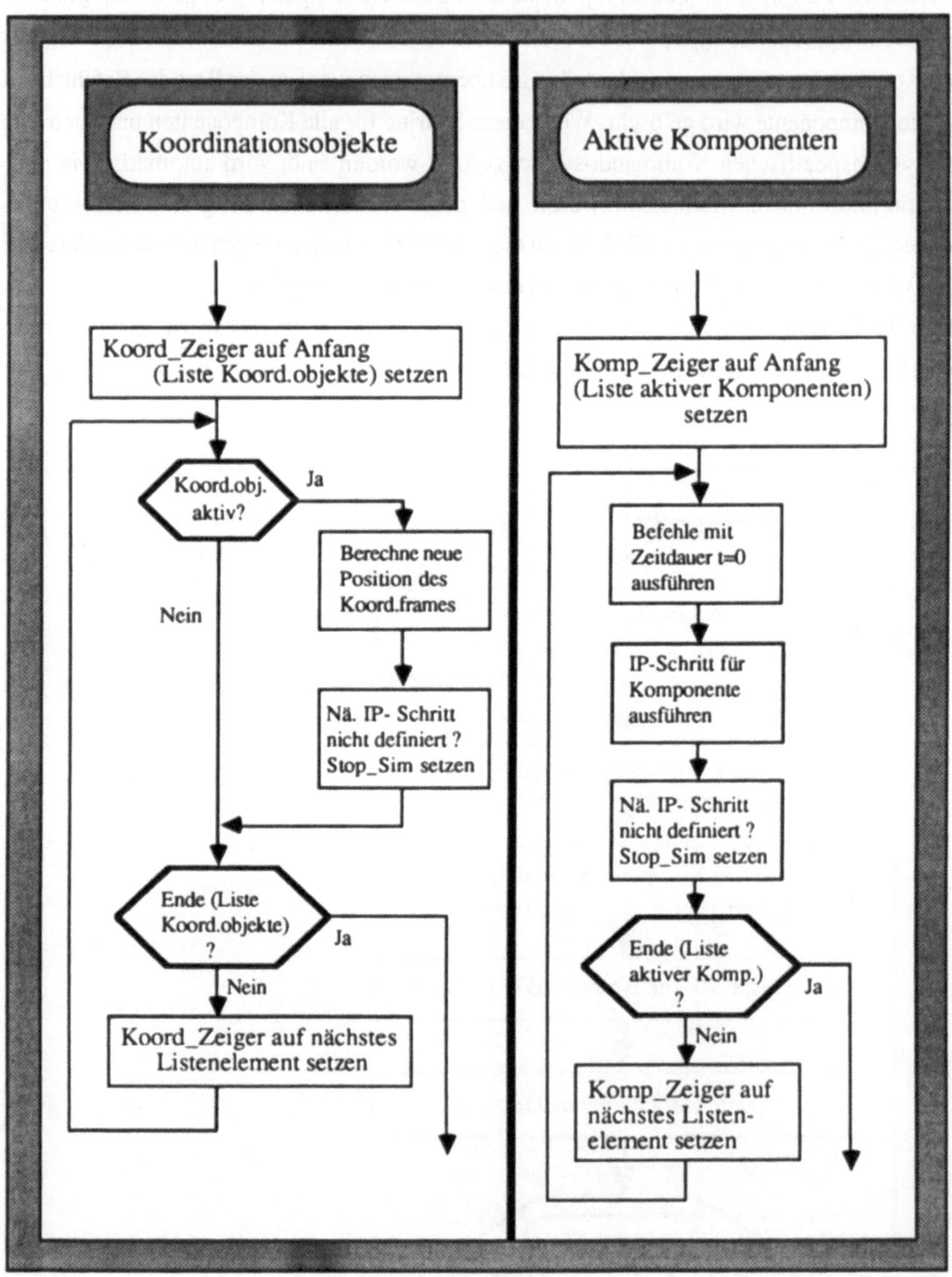

Bild 3.8: Simulationsablauf; Koordinationsobjekte und aktive Komponenten

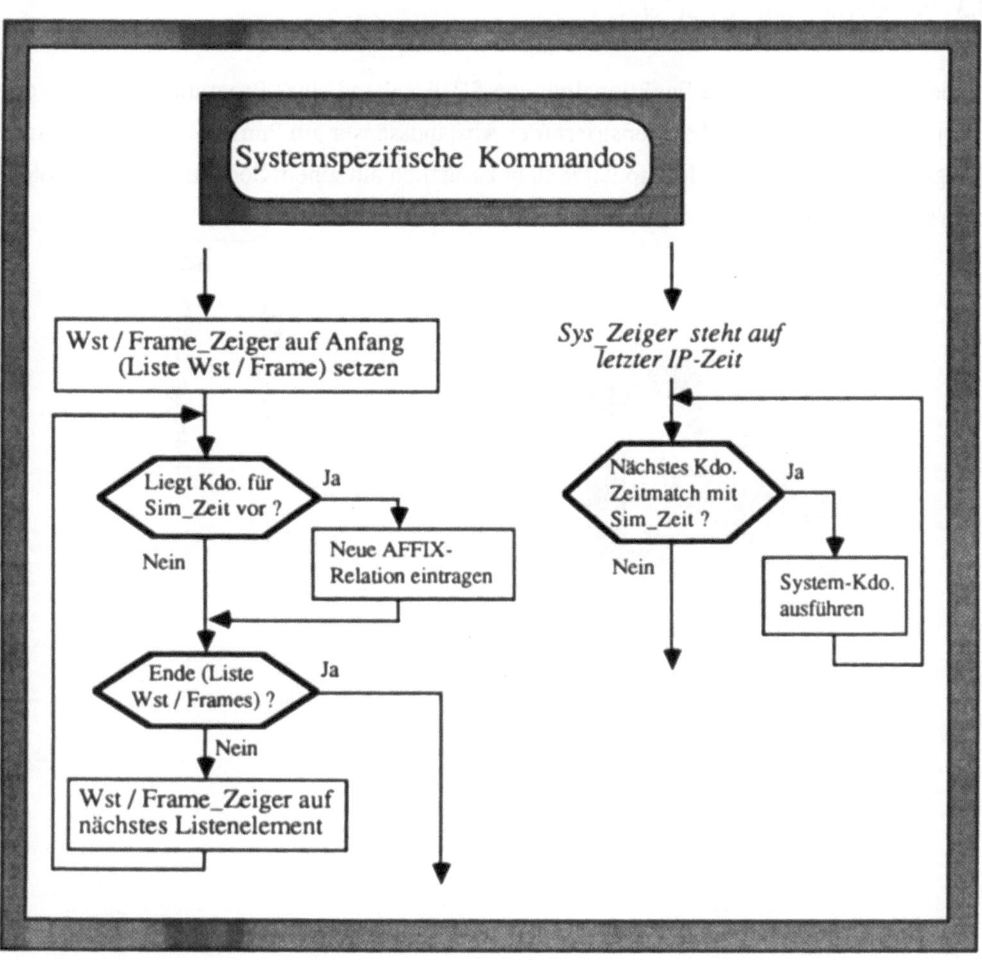

Bild 3.9: Simulationsablauf; systemspezifische Kommandos

3.3 Programm zur Beispielzelle

In diesem Kapitel wird die Funktionalität von SP^{3}R anhand eines Programmablaufs in der Beispielzelle aus Kapitel 2 demonstriert (der Abstandssensor am Puma260-Roboter ist hier weggelassen; der Stanford-Manipulator steht zusätzlich auf einem Sockel). In der Roboterzelle sollen die folgenden Aktionen ablaufen:

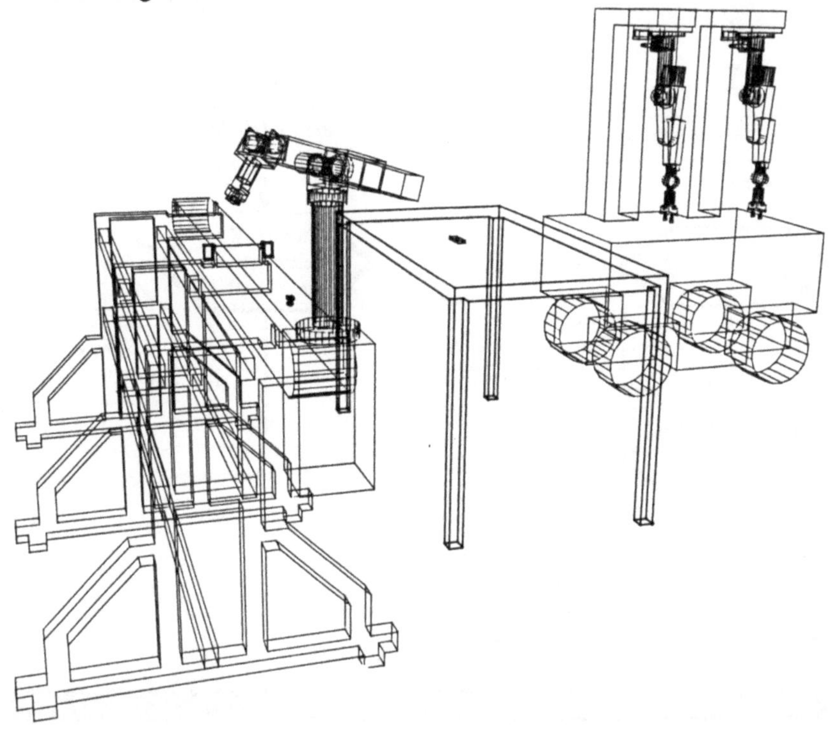

Das Roboterfahrzeug fährt zu einer Warteposition vor dem Tisch. Die beiden Puma260-Roboter werden dabei in entsprechende Bereitschaftspositionen bewegt.

Ein Werkstück "Schaft" wird auf das in Bewegung befindliche Fließband gelegt, von der Lichtschranke detektiert und vom Stanfordroboter vom Band gegriffen. Anschließend bewegt sich der Stanfordroboter zum Tisch und fügt den "Schaft" in das Werkstück "Platte". Nach einer Abrückbewegung des Stanfordarms dockt das Roboterfahrzeug an den Tisch an; die beiden Puma260 -Roboter greifen die "Platte" mit dem "Schaft", heben sie gemeinsam hoch, und das Fahrzeug rückt vom Tisch ab und fährt davon.

Im folgenden werden das zugehörige Modell, die benötigten Kanal-, Ereignis- und Koordinationsobjekte sowie die Programmschritte der Komponenten im einzelnen dargestellt.

Bild 3.10 zeigt die Modellstruktur mit den aktiven Komponenten und statischen Objekten, Bild 3.11 enthält die Objekte zur Synchronisation und Koordination der Komponenten.

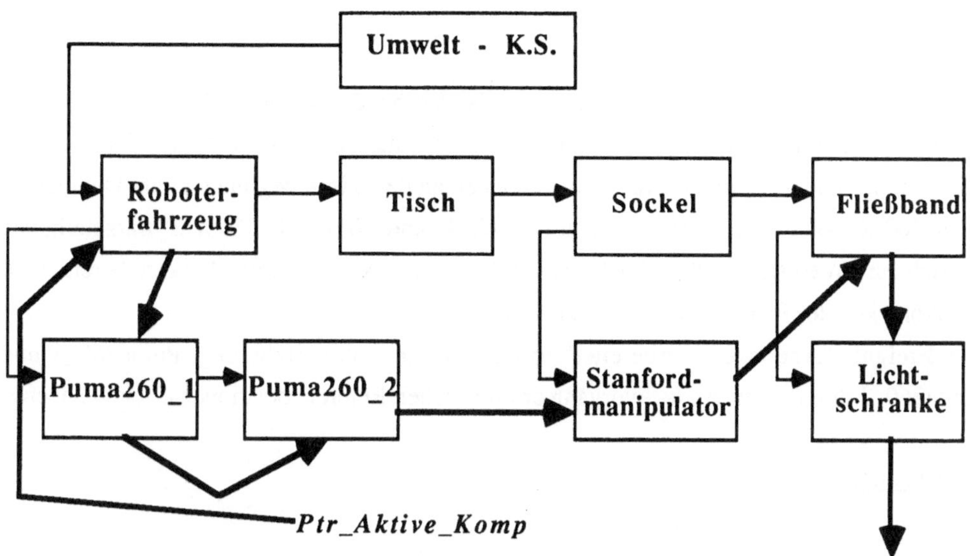

Bild 3.10: Struktur der Beispielzelle mit der Liste der aktiven Komponenten

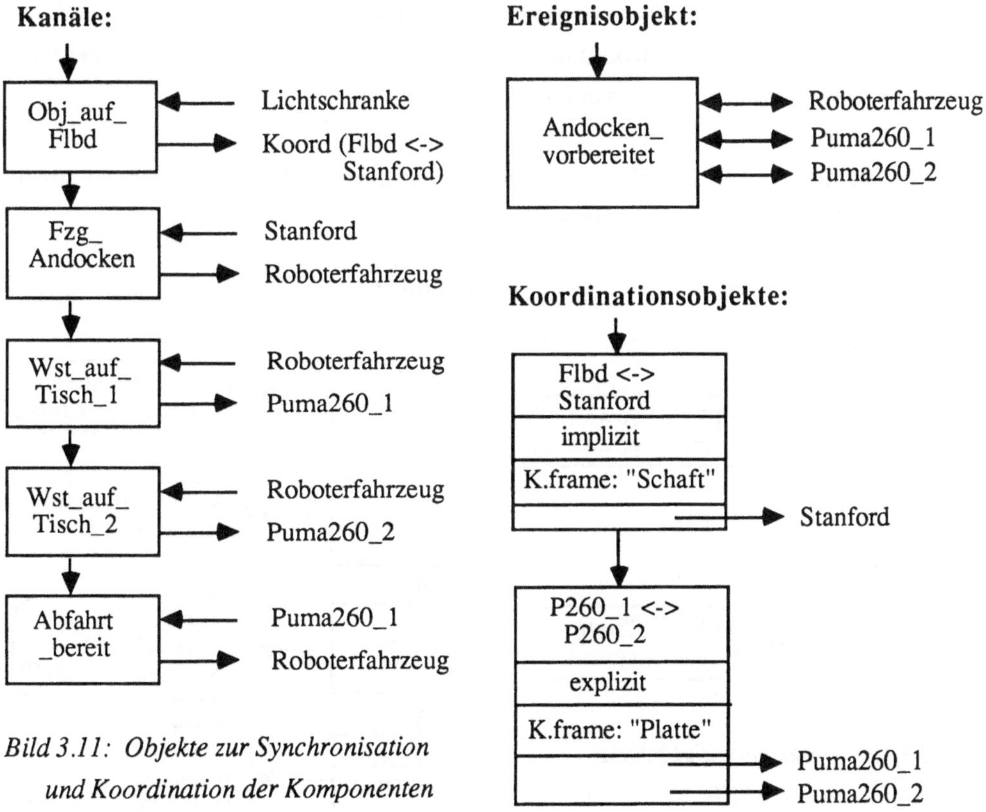

Kanäle:

Ereignisobjekt:

Koordinationsobjekte:

*Bild 3.11: Objekte zur Synchronisation
und Koordination der Komponenten*

<u>Kanal- und Ereignisobjekte:</u>

Mit "Obj_auf_Flbd" zeigt die Lichtschranke das Vorhandensein eines Werkstücks an, um die koordinierte Bewegung des Stanfordroboters zu starten. "Fzg_Andocken" signalisiert dem Roboterfahrzeug, daß es mit dem Andocken an den Tisch beginnen kann. Den beiden Puma260-Robotern wird durch "Wst_auf_Tisch_1" und "Wst_auf_ Tisch_2" mitgeteilt, daß sie sich zum Werkstück "Platte" bewegen und es greifen können. Mit "Abfahrt_bereit" wird das Abrücken des Fahrzeugs vom Tisch getriggert.

Das Ereignis "Andocken_vorbereitet" tritt ein, wenn Roboterfahrzeug, Puma260_1 und Puma260_2 ihre für den Andockvorgang erforderlichen Referenzpositionen erreicht haben.

<u>Koordinationsobjekte:</u>

"Flbd<->Stfd" ist ein Koordinationsobjekt mit impliziter Bewegungsvorgabe zum Greifen des Werkstücks "Schaft" vom Fließband. Koordinationsframe ist das lokale Koordinatensystem des "Schaft". Gestartet wird die Bewegung durch das Kanalsignal "Obj_auf_Flbd". "P260_1<->P260_2" dient dem koordinierten Transport des Werkstücks "Platte" durch die beiden Puma260-Roboter. Das Koordinationsframe ist das lokale Koordinatensystem der "Platte", die Bewegung wird explizit definiert.

Bild 3.12 zeigt die Liste der Werkstücke mit ihren initialen AFFIX-Relationen sowie vordefinierte Hilfsframes für die Programmierung.

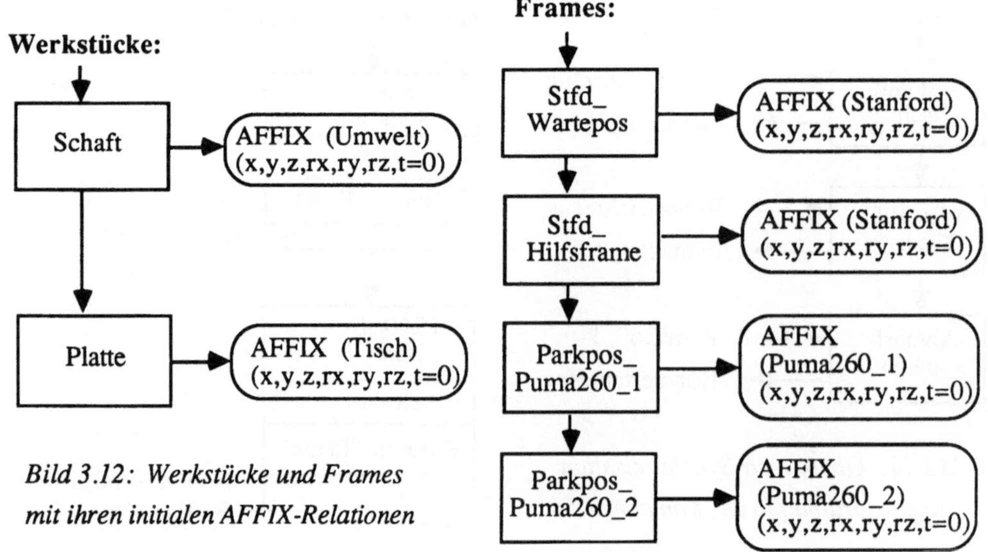

Bild 3.12: Werkstücke und Frames mit ihren initialen AFFIX-Relationen

Im folgenden werden die einzelnen Programmschritte der Komponenten mit Kommentaren versehen aufgelistet (Bilder 3.13 bis 3.17). Die systemspezifischen Befehle zur Definition von Kanälen, Ereignis- und Koordinationsobjekten sind nicht mitaufgeführt, da sie unmittelbar aus den Bildern 3.11 und 3.12 hervorgehen.

Bilder 3.18 bis 3.26 zeigen Ausschnitte aus der graphischen Simulation des Beispielprogramms.

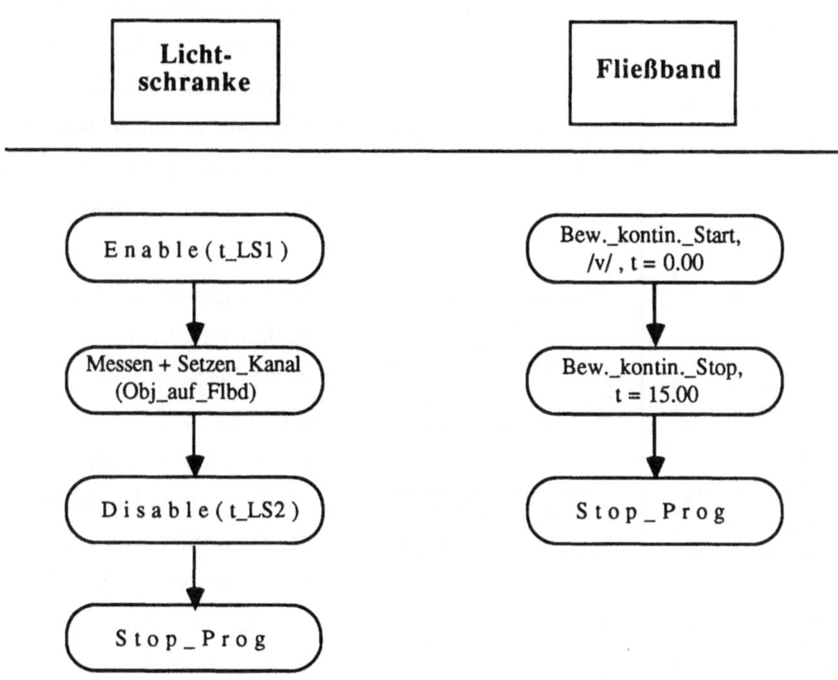

Der Lichtschrankensensor wird zum Zeitpunkt t_LS1 eingeschaltet, setzt bei Vorliegen eines Objekts den Kanal "Obj_auf_Flbd" und wird zum Zeitpunkt t_LS2 wieder ausgeschaltet.

Das Fließband wird auf eine bestimmte Geschwindigkeit eingestellt und zum Zeitpunkt t = 15.00 wieder abgeschaltet.

Bild 3.13: Programmsequenzen für Lichtschranke und Fließband

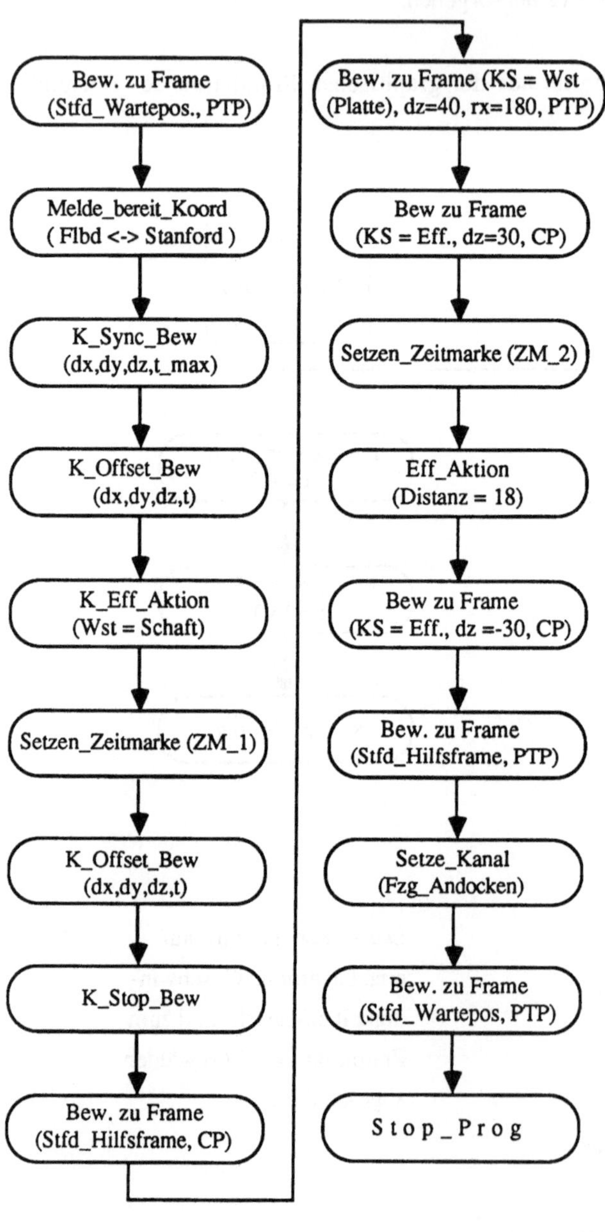

Der Stanford-Manipulator bewegt sich zu einer Warteposition über dem Fließband und meldet sich für die koordinierte Bewegung bereit. Nach Synchronisierbewegung, Anrücken, Greifen des Werkstücks "Schaft" und Abrücken wird der Manipulator durch "Bewegung_Stop" vom Fließband entkoppelt. Das Greifen des Werkstücks "Schaft" und das damit verbundene Umhängen der Struktur "Schaft" an den Stanford-Manipulator wird durch das Setzen der Zeitmarke ZM_1 induziert.

Um eine Kollision mit dem Fließband zu vermeiden, bewegt sich der Stanfordarm über ein Hilfsframe zum Werkstück "Platte". Es folgen das Fügen des "Schafts" in die "Platte", Loslassen des Werkstücks und Abrücken. Analog zum Greifen verläuft hierbei das Loslassen des "Schafts" mit der Markierung des Zeitpunkts ZM_2. Nach einer Bewegung zurück zum Hilfsframe wird das Kanalsignal "Fzg_Andocken" gesetzt, der Arm bewegt sich zur Warteposition und bleibt stehen.

Bild 3.14: Programmsequenz für den Stanford-Manipulator

Puma260_1

Die beiden Puma260 - Roboter fahren in Parkpositionen, um das Andocken des Fahrzeugs an den Tisch zu ermöglichen, melden dieses Ereignis und warten auf ihr Startsignal. Danach fahren sie zum Werkstück "Platte", greifen es und melden ihre Bereitschaft für die koordinierte Werkstückbewegung. Die Struktur "Platte" wird dabei über die Zeitmarke ZM_3 an den Puma260_1 gehängt. Der programmierten Bewegung der "Platte" folgen die beiden Roboter nach; der Puma260_1 signalisiert daraufhin dem Roboterfahrzeug, daß es wegfahren kann.

Puma260_2

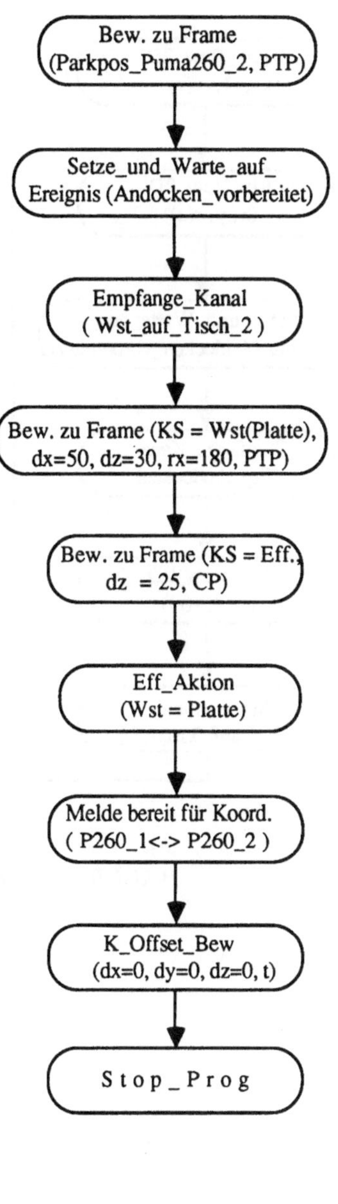

Bild 3.15: Programmsequenzen für die beiden Puma260-Roboter

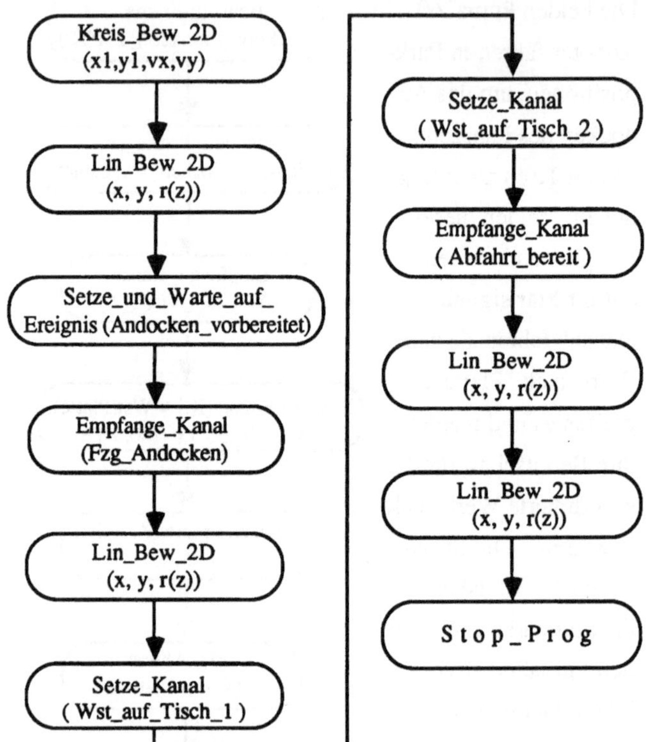

Das Roboterfahrzeug fährt auf einer Kreis- und und einer geradlinigen Bahn zur Andock-Warteposition, signalisiert "Andocken_vorbereitet" und wartet auf das Signal "Fzg_Andocken" des Stanfordarms. Danach fährt das Fahrzeug an den Tisch und signalisiert den beiden Puma260 - Robotern, daß sie nun das Werkstück "Platte" greifen können. Sobald das Signal "Abfahrt_bereit" gesetzt ist, fährt das Fahrzeug vom Tisch weg und beendet sein Programm.

Bild 3.16: Programmsequenz für das Roboterfahrzeug

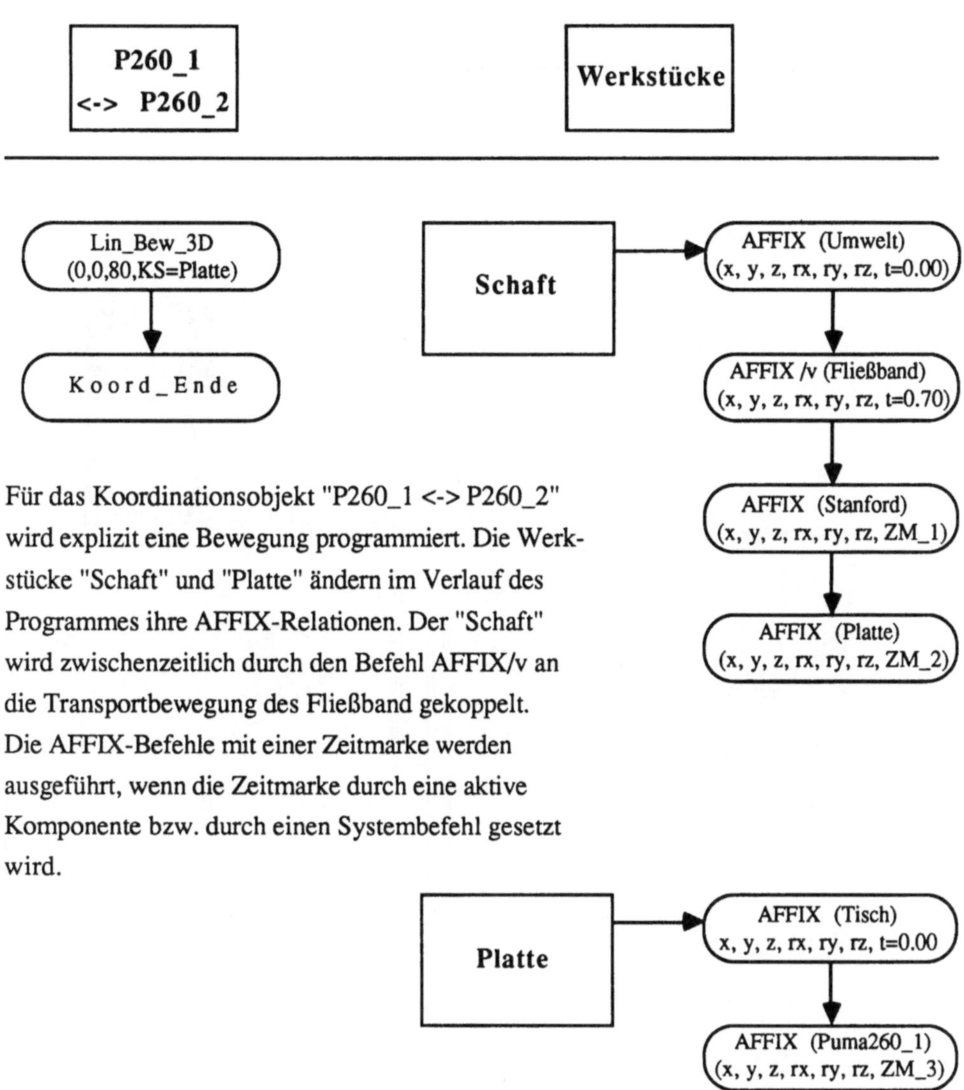

Für das Koordinationsobjekt "P260_1 <-> P260_2"
wird explizit eine Bewegung programmiert. Die Werkstücke "Schaft" und "Platte" ändern im Verlauf des
Programmes ihre AFFIX-Relationen. Der "Schaft"
wird zwischenzeitlich durch den Befehl AFFIX/v an
die Transportbewegung des Fließband gekoppelt.
Die AFFIX-Befehle mit einer Zeitmarke werden
ausgeführt, wenn die Zeitmarke durch eine aktive
Komponente bzw. durch einen Systembefehl gesetzt
wird.

Bild 3.17: Befehle zu Koordinationsobjekt und Werkstücken

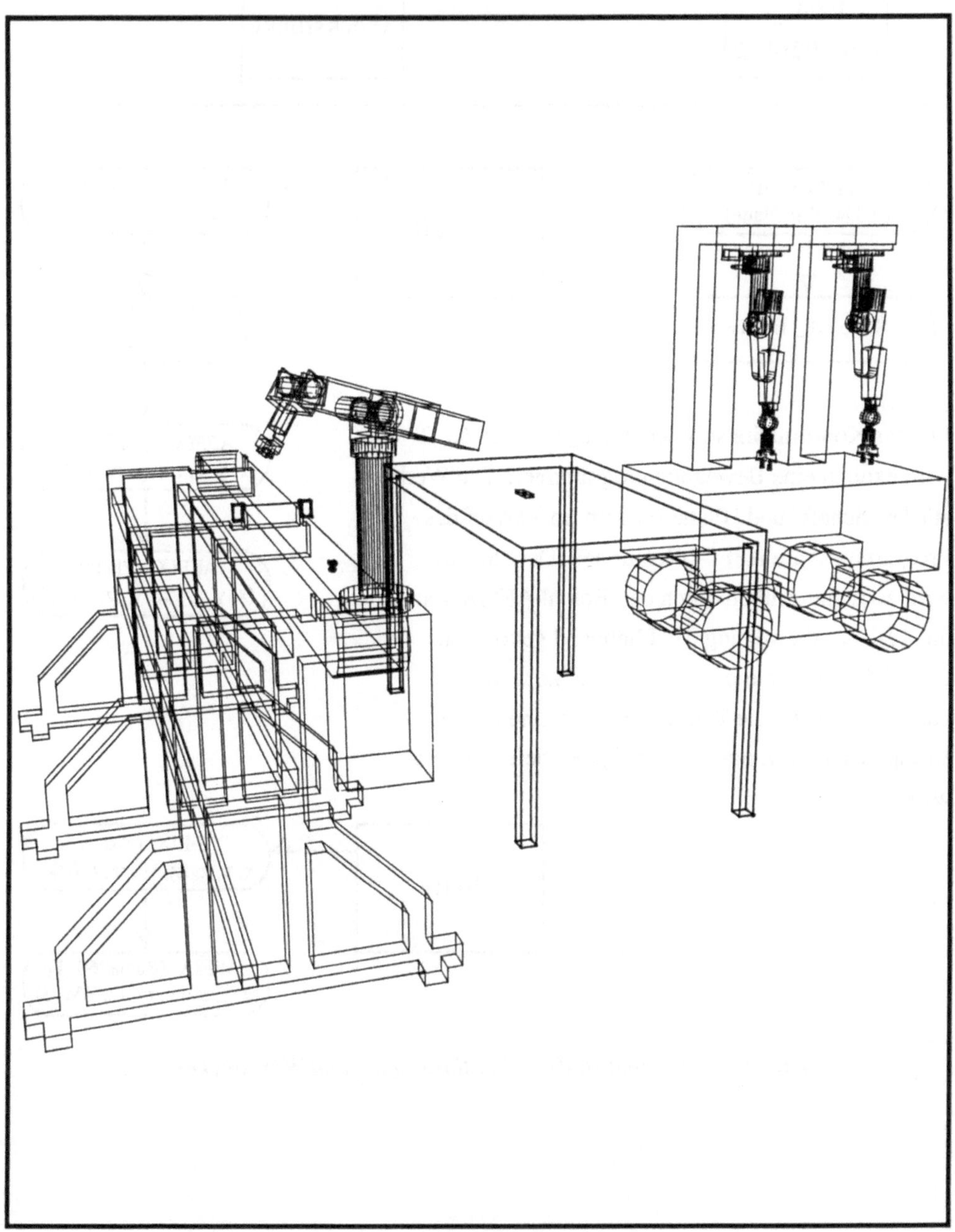

Bild 3.18: Ausgangssituation in der Beispielzelle

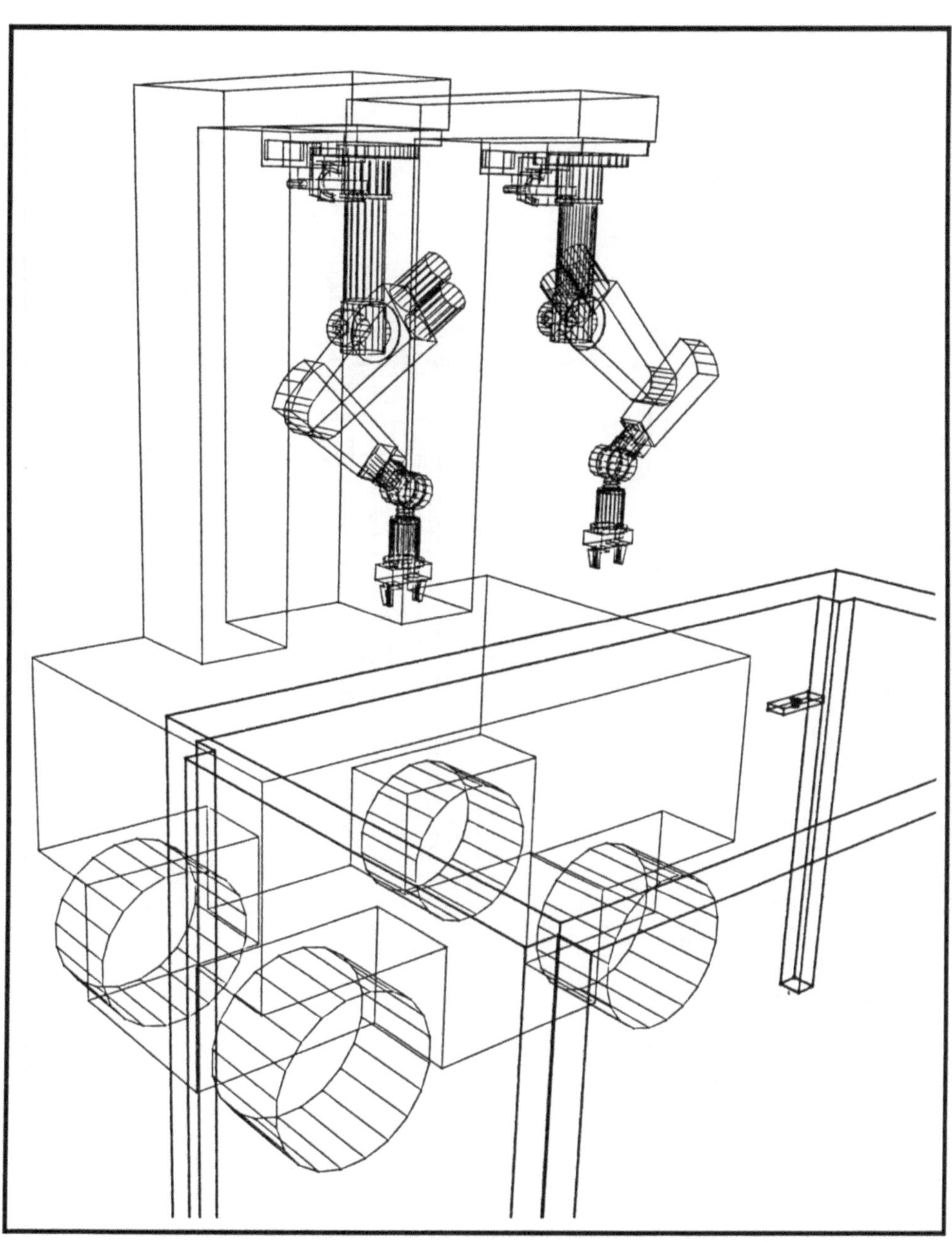

Bild 3.19: Das Roboterfahrzeug ist in die Andock-Warteposition gefahren

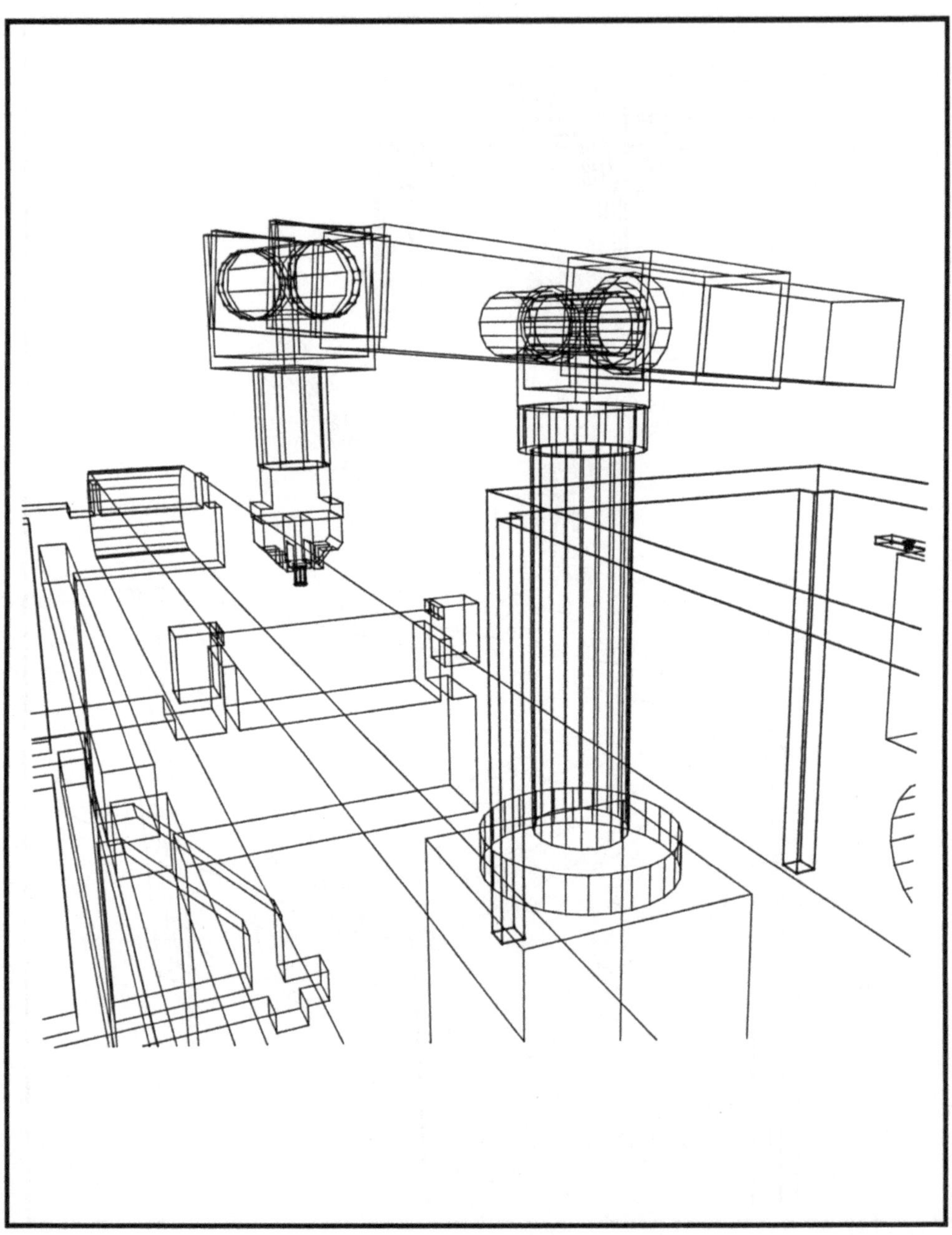

Bild 3.20: Der Stanford-Manipulator greift das Werkstück "Schaft" vom Fließband

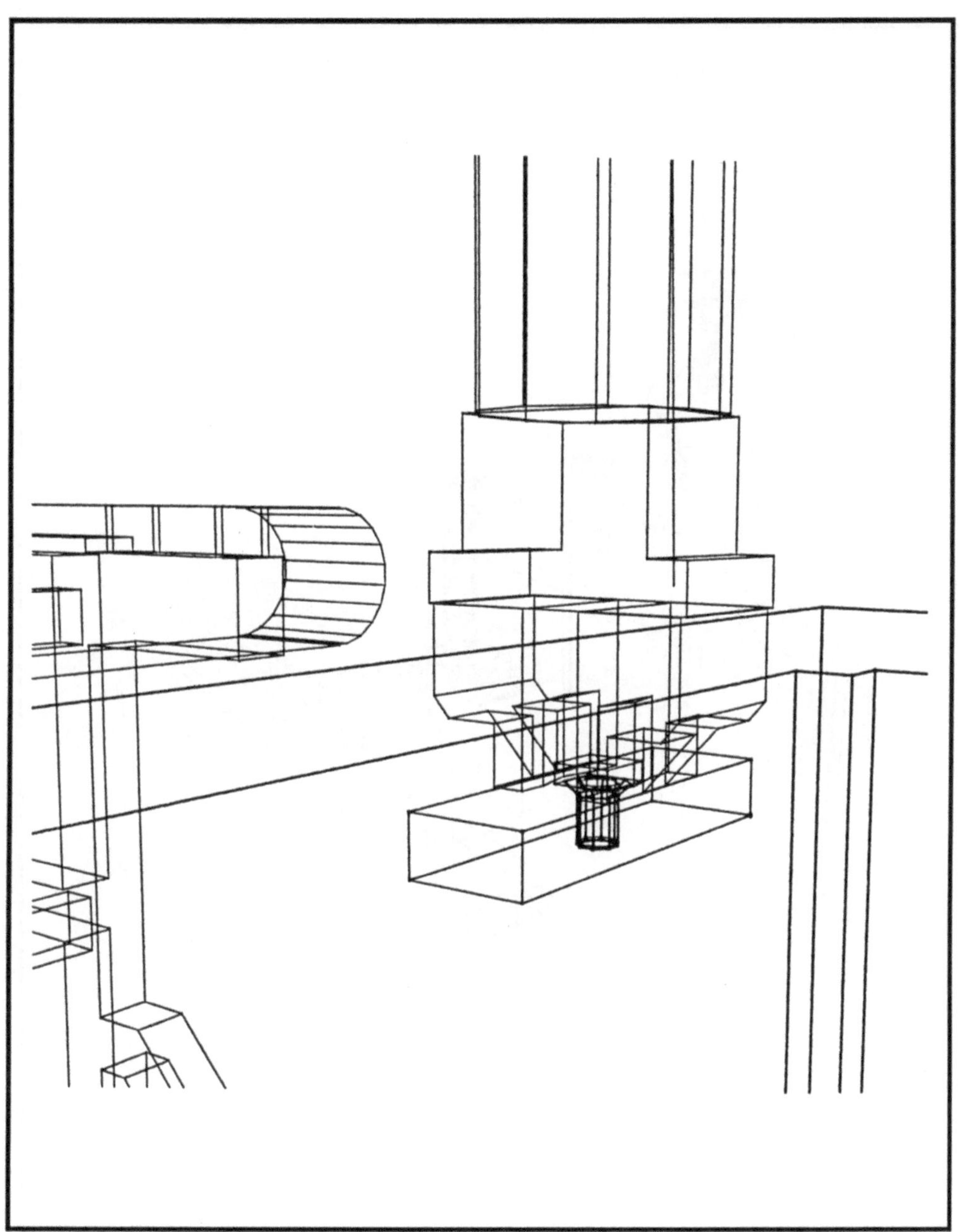

Bild 3.21: Fügen des "Schaft" in die "Platte"

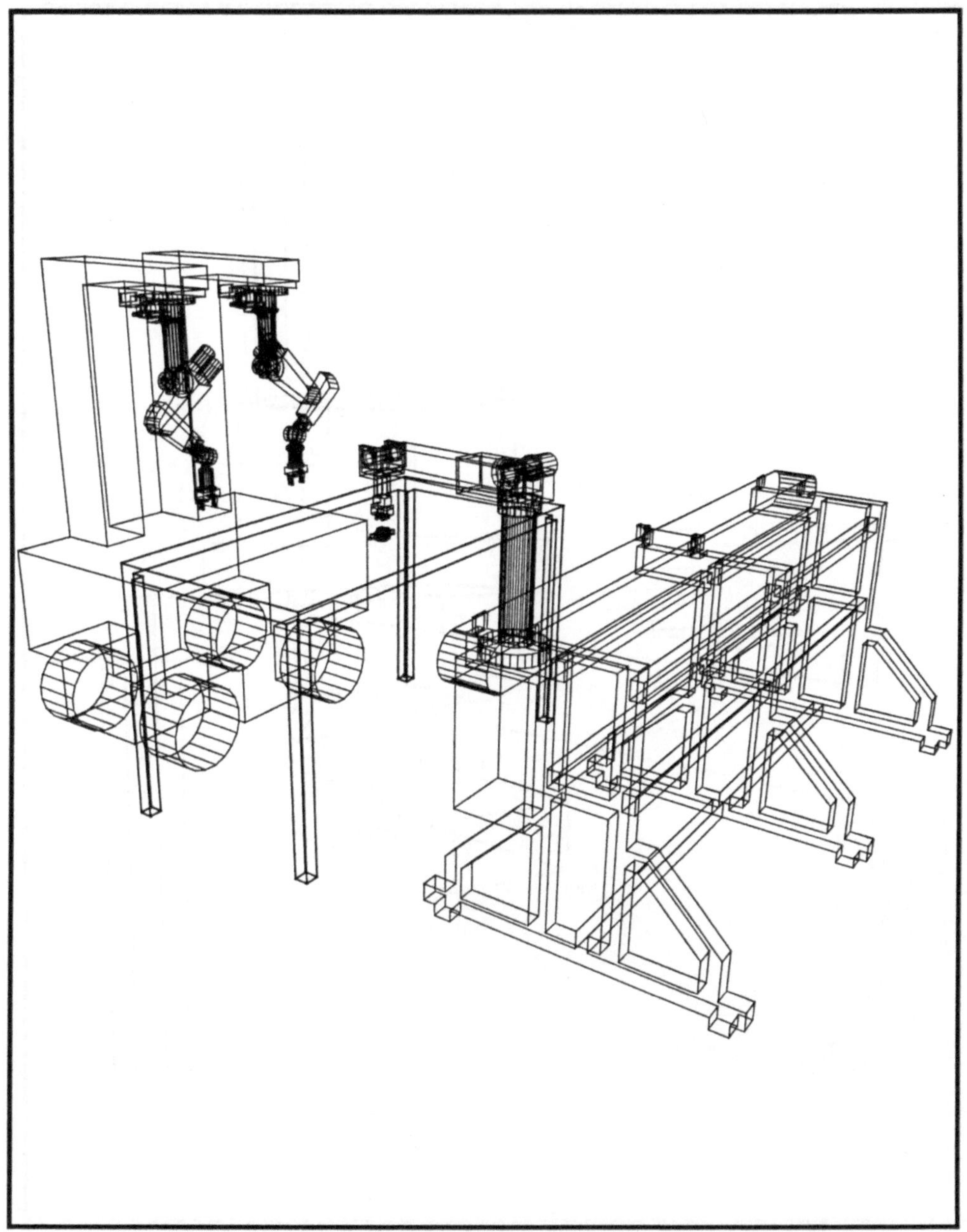

Bild 3.22: Der Stanfordroboter hat den Fügevorgang beendet;
das Fahrzeug befindet sich noch in der Warteposition

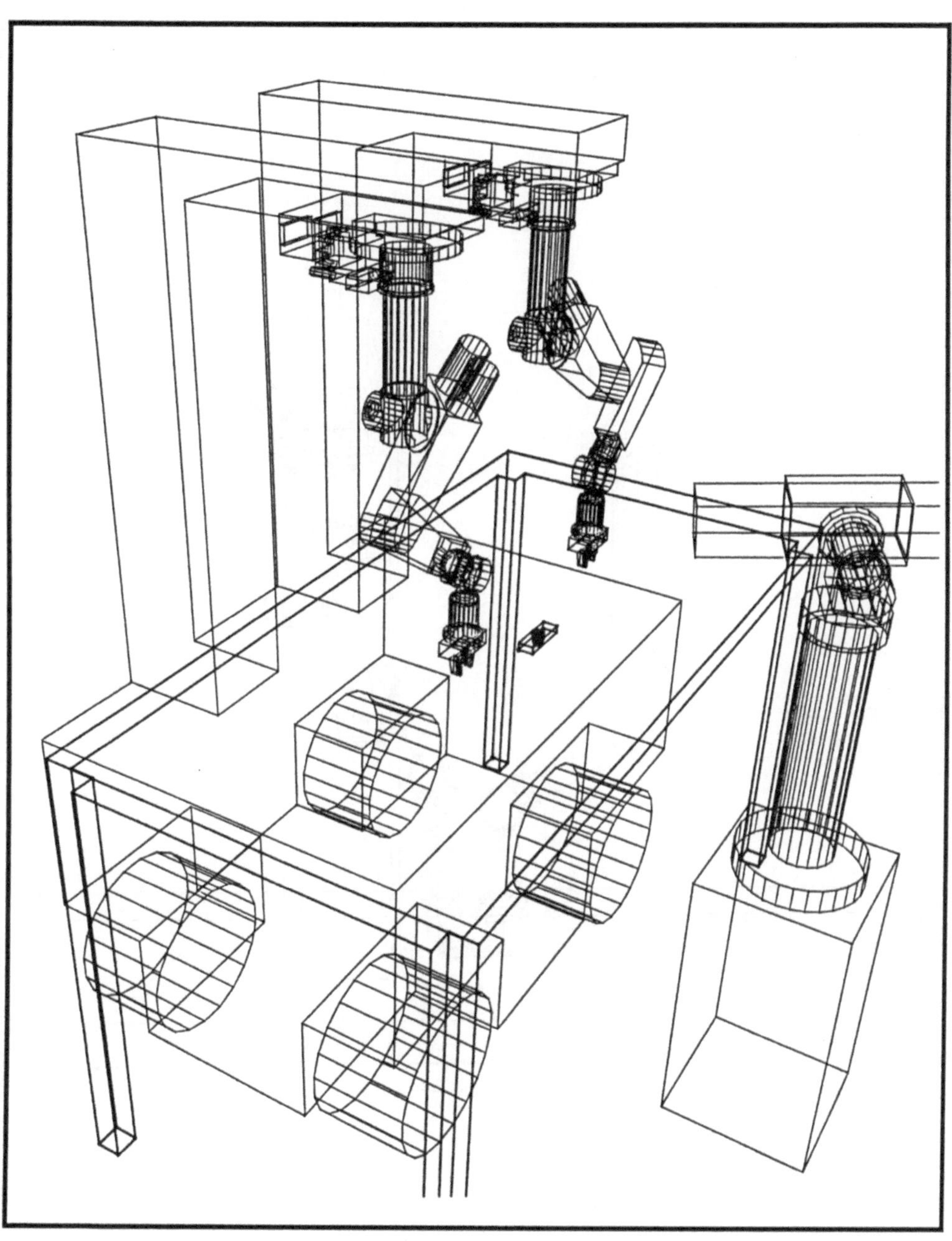

Bild 3.23: *Das Roboterfahrzeug dockt an den Tisch an*

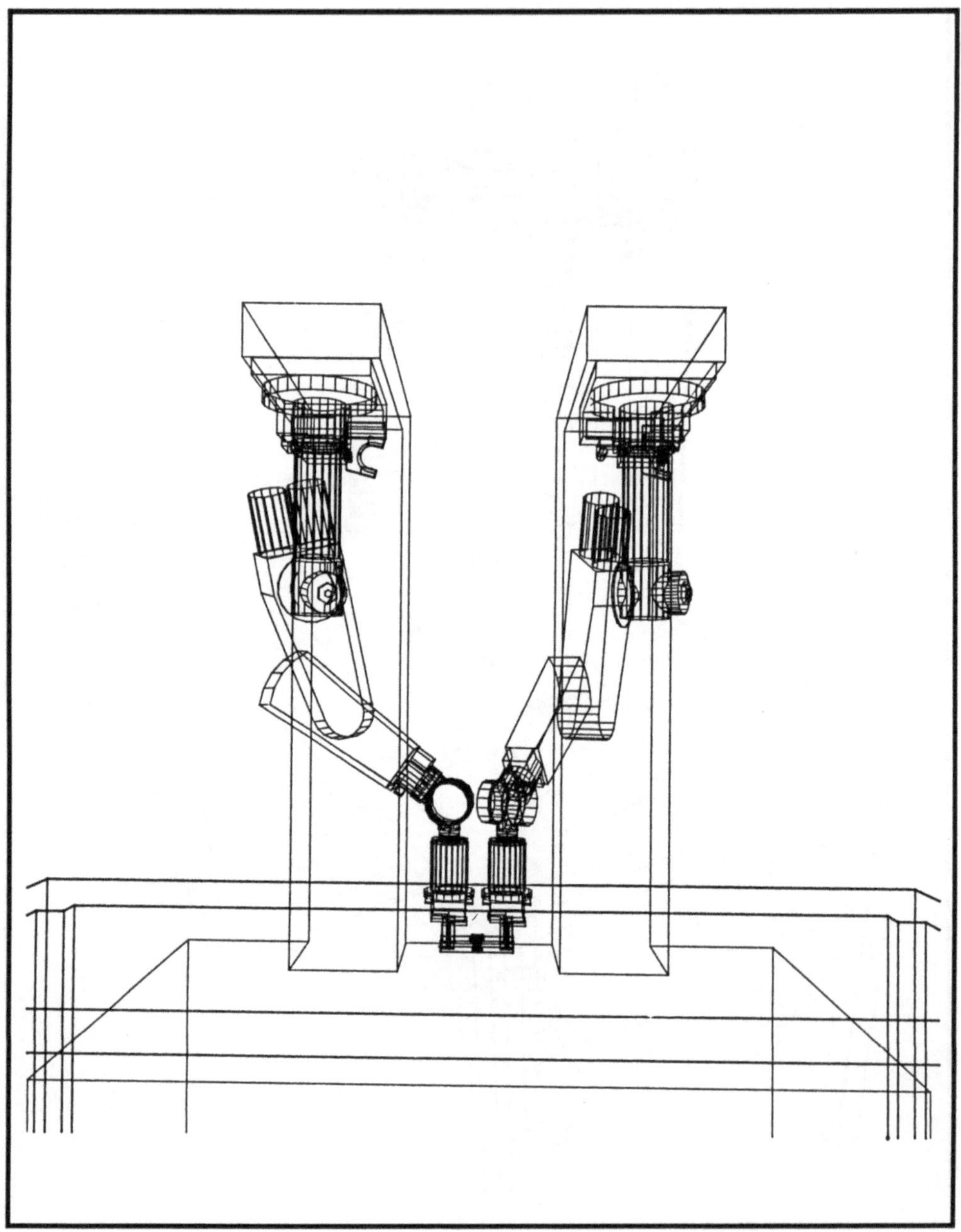

Bild 3.24:   Die beiden Puma260-Roboter greifen das Werkstück "Platte"

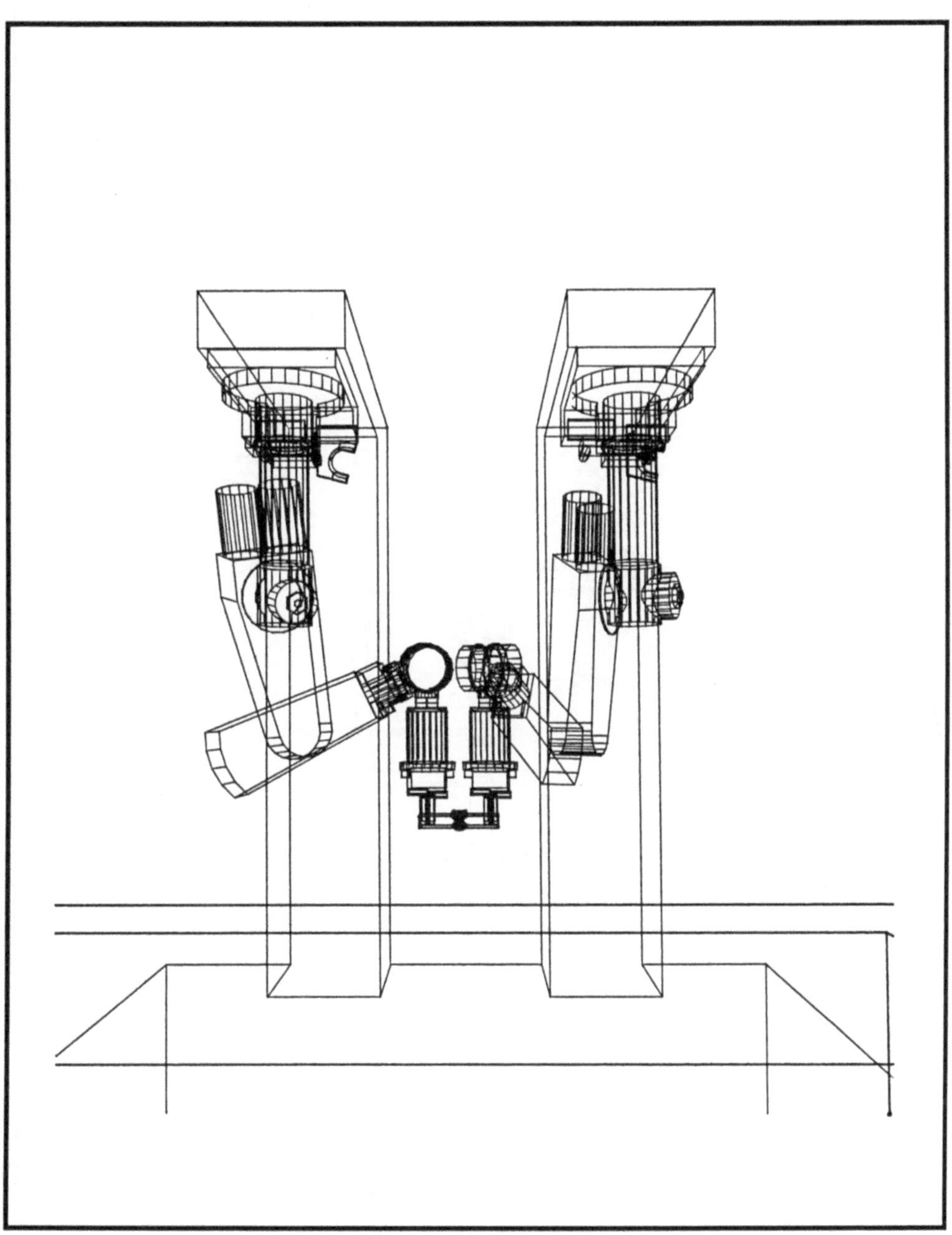

Bild 3.25: Koordinierte Bewegung der "Platte" mit Puma260_1 und Puma260_2

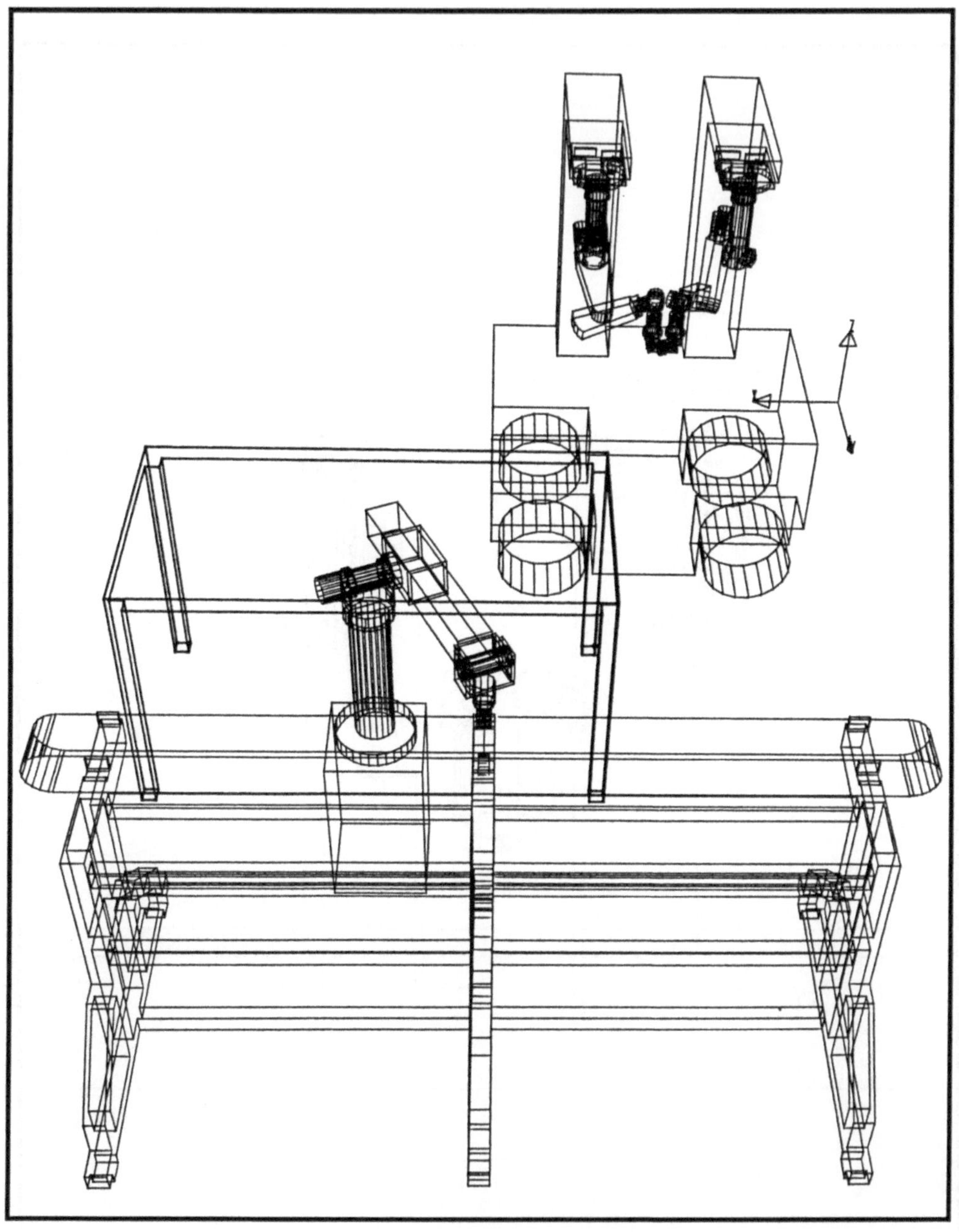

Bild 3.26: Das Roboterfahrzeug ist vom Tisch abgerückt (Programmende)

4 Zusammenfassung und Ausblick

Im letzten Kapitel der Arbeit werden die Einsatzmöglichkeiten des Systems abgeschätzt.
Einige Erweiterungsmöglichkeiten werden aufgezeigt, und es wird untersucht, inwieweit die
entwickelten Systemstrukturen zur Steuerung allgemeiner paralleler Abläufe verwendet
werden können.

4.1 Bewertung und Abgrenzung des Einsatzspektrums von SP^3R

Die Zielrichtung bei der Entwicklung des Systems SP^3R war die Programmierung und
Steuerung paralleler Prozeßabläufe in Roboterfertigungszellen. Betrachtungseinheit für das
System ist eine einzelne Roboterstation, die aus mehreren Robotern, Zuführeinrichtungen
und Hilfskinematiken aufgebaut sein kann. Nicht mitberücksichtigt werden Werkzeug-
maschinen (z.B. Dreh-, Fräßmaschine, Bearbeitungszentrum), die beim Fertigungsvorgang
die Geometrie der Werkstücke verändern.

Die parallelen Abläufe in der Roboterstation können mit dem System interaktiv programmiert
und durch diskrete Simulation mit Hilfe von Interpolationsfunktionen in beliebig detaillierter
zeitlicher Auflösung ausgeführt werden.

Dies setzt natürlich eine enge semantische Zusammengehörigkeit der Aktionen voraus, da
ansonsten eine aufwendige parallele Programmsteuerung nicht erforderlich wäre. Innerhalb
einer Roboterzelle treten aber häufig Wechselwirkungen der Komponenten untereinander
auf, so daß dieser semantische Zusammenhang gegeben ist.

Damit ist auch klar, daß die Simulation einer ganzen Fabrikanlage nicht Gegenstand einer
Untersuchung mit SP^3R ist. Aufgrund der gleichzeitigen Programmierung aller Kompo-
nenten im Dialog mit dem System ist als vernünftige Obergrenze eine Zahl etwa in der
Größenordnung von 20 bis 30 Komponenten in der Roboterzelle zu nennen; der
Programmierer verliert ansonsten die Übersicht über die Szene und die Aktionen.

Das speicheraufwendige Bereithalten der Programm- und Zellinformation in Listen bei den
Komponentenstrukturen ist ebenfalls nur für Zellen in dieser Größenordnung vernünftig
handhabbar.

Der Gewinn besteht aber dabei in der Fähigkeit der Steuerung, Roboterzellstatus und
Programme auf einen zurückliegenden Ablaufzeitpunkt zurücksetzen zu können, ohne
sämtliche Programmschritte der Komponenten noch einmal ausführen zu müssen. Das
"Feintuning" der Programme in bezug auf Komponentensynchronisation, Einstellen von
Bewegungsparametern und Koordination der Zellabläufe wird hierdurch stark erleichtert;
z.B. lassen sich die relativen Zeitschnüre zweier Komponenten zueinander durch zwei

Befehle (Programm zurücksetzen; neue Definition der Absolutzeit-Referenz der einen Komponente) verschieben.

Durch die Eingabe von Befehlen im Dialog mit dem System wird dem Bediener Unterstützung bei der Erstellung eines Programmes geboten; der Einbau vordefinierter Programme gewährleistet eine sukzessive Entwicklung größerer Anwendungen durch die Wiederverwendung getesteter Programmabschnitte.

Der baukastenförmige und hierarchische Aufbau von Zellmodellen aus Bibliothekskomponenten bietet ein hohes Maß an Universalität und Flexibilität. Mit dem Satz zur Verfügung stehender Komponenten können im Rahmen semantisch sinnvoller Zuordnungen beliebige Zellen aufgebaut werden.

Die Bereitstellung eines Funktionssatzes für jeweils eine ganze Komponentenklasse erleichtert die Programmierung durch eine einheitliche Kommandosyntax. Andererseits werden die individuellen Eigenheiten einer speziellen Komponente durch die Programmiersprache nicht mehr ersichtlich; lediglich die Komponentenemulatoren berücksichtigen die genaue Funktionsausführung durch die Komponente in der Simulation.

Aufgrund seiner zentralen Bedeutung ist das Hauptaugenmerk in SP^3R natürlich der Komponentenklasse "Roboter mit Effektor" gewidmet. Das Nachfolgen einer Bewegung im Koordinationsmodus ist daher nur für Roboter (und auch nur für einen eng abgegrenzten Satz an Bewegungsbahnen) realisiert. Die Systemstruktur ist aber vom Aufbau her so weit wie möglich universell und modular gehalten, daß später mit relativ geringem Aufwand neue Funktionen auch für andere Komponentenklassen integriert werden können.

Problematisch ist der download komplexer Programme aus der Simulation in die reale Produktionsumgebung, da ein Großteil der SP^3R-Funktionen noch nicht auf realen Steuerungen verfügbar ist. Insbesondere koordinierte Roboterbewegungen lassen sich schwerlich 1:1 ohne Hilfskonstrukte in gängigen Roboterprogrammiersprachen formulieren. Auch die Einbettung von Fahrzeug- und Hilfskinematikfunktionen in eine übergeordnete Zellsteuerung ist sicher nicht direkt umsetzbar. Hier muß das System SP^3R als Testbett angesehen werden, das in der Simulation anhand von Modellen den Einsatz so gearteter Komponenten und Funktionen innerhalb von Roboterfertigungsprogrammen untersucht.

4.2 Erweiterungsmöglichkeiten des Roboterprogrammiersystems SP^3R

Im System SP^3R wurden einige neue Ideen für die Roboterprogrammierung realisiert. Das hierbei entwickelte Funktionsspektrum läßt sich natürlich in Breite und Tiefe noch ausbauen. Durch die Trennung: universeller / komponentenspezifischer Modellteil lassen sich weitere Klassen aktiver oder passiver Komponenten mit der Definition der klassenspezifischen Beschreibungsdaten, der Integration der Emulationsfunktionen und der Erweiterung der

Programmiersprache hinzunehmen. Puffer oder Magaziniereinrichtungen wären z.B. als eine neue Klasse denkbar (als Ergänzung etwa zu den Klassen "Hilfskinematik" und "Statisches Objekt"). In diesem Zusammenhang ist noch einmal darauf hinzuweisen, daß neue Komponententypen einer bestehenden Klasse wie ein neues Robotermodell durch parametrisierte Funktionen des Modelliermoduls von ROSI erstellt werden können, ohne an Modell oder Programmiersprache strukturelle Änderungen anbringen zu müssen.

Die Steuerung von SP^3R ist so aufgebaut, daß alle aktiven Komponenten parallel ihre Teilprogramme ausführen. Unter Umständen könnte es wünschenswert sein, einzelne Komponenten zu selektieren und zunächst nur für diese Komponenten Programme zu entwickeln. Die übrigen Komponenten würden in diesem Fall erst einmal ausgeklammert oder nur im Hinblick auf Synchronisationspunkte in Betracht gezogen. Damit könnte der Programmierer ein "Programmgerüst" für die Roboterzelle definieren und simulieren, um später die genauen Bewegungs- und Aktionsfolgen auszuprogrammieren. Durch Änderungen in der Ablaufstruktur (siehe Bild 3.5) oder Selektier-Befehle für einzelne Komponenten ließe sich eine solche Vorgehensweise zur Programmierung einschlagen.

Die Sensorik ist im vorhandenen System nur in Form von Hand simulierter Sensorsignale und Befehle enthalten, die Emulatoren zur Ableitung der Sensorwerte aus dem Modell fehlen noch. Weitergehende Sensorfunktionen wie Objekt- und Drehlageermittlung mit Kameras oder taktilen Sensoren könnten ergänzt werden.

Die Kanalmechanismen zur Synchronisation ließen sich dann auch für Kommunikationszwecke nutzen: eine Kamera ermittelt Position und Drehlage eines Objekts und sendet die Werte an einen Roboter, für den eine parametrisierte Sequenz zum Greifen des Objekts programmiert wurde. Eine Art "exception handling", d.h. eine Reaktion des Roboters auf unvorhersehbare Ereignisse, würde ebenfalls durch einen ausgebauten Kanalmechanismus unterstützt. Pufferkapazitäten im Kanal gestatteten eine Speicherung kurz hintereinander auftretender Kanalsignale mit der Möglichkeit, Aktionsfolgen zur Abarbeitung eines Werkstückstapels in einem Magazin zu starten.

Bei der Rücksetzfunktion des Programmzeigers könnte eine assoziative Suchvorgabe ergänzt werden: "Setze Programmzeiger und Roboterzelle auf den Zeitpunkt zurück, an dem das Roboterfahrzeug die Position (x, y, r_z) innehatte."

Die Koordinationsfunktionen sind sicher algorithmisch erweiterbar: andere Komponentenklassen als Koordinationsfolger (im Rahmen ihrer Bewegungsmöglichkeiten), höhergradige Bewegungsarten bei der impliziten Bewegungsvorgabe, optimierte Funktionen für die Synchronisier- und Entkoppelphase usw..

Der Einbau vordefinierter Programmstücke im Batch-Modus ist im Augenblick nur durch einen Befehl zur vollständigen Übernahme eines ganzen Programmteils realisiert. Editierfunktionen zur Integration von Teilabschnitten und eine Parametrisierbarkeit des Programms zur Erzielung einer Art Unterprogrammtechnik würden in Verbindung mit entsprechenden semantischen Überprüfungen die Weiterverwendung von Programmabschnitten komfortabler gestalten.

Schließlich wäre auch eine Integration oder Kopplung mit einem übergeordneten Produktionsplanungssystem denkbar. In der Simulation der Roboterstation ermittelte Zykluszeiten könnten über geeignete Schnittstellen bei der Auslegung und Dimensionierung eines flexiblen Fertigungssystems verwendet werden. Die Kopplung würde hauptsächlich die Peripherie der Roboterstation betreffen, über die Produktteile mit benachbarten Stationen ausgetauscht werden. Als zu beeinflussende Parameter wären hier Fließbandgeschwindigkeiten, Teileabstand, Pufferzonen und -kapazitäten, Verteiler auf redundant ausgelegte Stationen o.ä. zu nennen.

Unter dem Aspekt einer durchgängigen rechnerintegrierten Fertigung spielt der letztgenannte Punkt sicher eine wichtige Rolle.

4.3 Verwendung des Systemkonzepts zur Steuerung allgemeiner paralleler Abläufe

Bei der Konzeption des Systems SP^3R wurde Wert auf eine möglichst universelle Modellstruktur gelegt; der anwendungsspezifische Aspekt "Roboterfertigungszelle" wurde weitgehend von der allgemeingültigen "Steuerung paralleler Abläufe" getrennt.

Insofern können die charakterisierenden Ideen des Systems sowie die entsprechenden Programmteile auch auf andere Anwendungen übertragen werden, bei denen allgemein parallele Aktivitäten von einer zentralen Steuerung zu kontrollieren sind. Die anwendungsbezogenen Programmteile müssen natürlich neu entwickelt werden und die speziell auf Komponenten in Roboterstationen zugeschnittenen Funktionen ersetzen.

Wesentliche Merkmale der Systemstruktur sind:

- *das zugrundeliegende Modell der zu steuernden Betrachtungseinheit ist baumstrukturartig aufgebaut,*
- *jeder Knoten im topologischen Modell stellt eine aktive zu programmierende oder passive Komponente dar,*
- *jede Komponente gehört zu einer bestimmten Klasse, für die ein gewisser Funktionssatz zur Programmierung bereitsteht,*
- *die Programmierung einer Komponente wird durch die Eingabe einer sequentiellen Befehlsfolge vorgenommen,*

- die Aktionen werden quasiparallel durch Interpolation ausgeführt. Grundlage ist ein zentraler Systemtakt mit wählbarem Zeitraster, der die Basis zur Fortschaltung der Komponenten darstellt.

Ein System, auf das diese Merkmale zutreffen, kann analog zu den Komponenten in der Roboterfertigungszelle mit einer Steuerung wie in SP^{3}R betrieben werden. Zur Synchronisation der Komponenten stehen die beschriebenen Kanal- und Ereignismechanismen zur Verfügung; die Rücksetzfunktion gestattet eine schnelle Korrektur eingegebener Programmschritte. Einzelne Zeitabläufe von Komponenten können leicht gegeneinander verschoben werden.

Als Beispiel eines kinematischen Systems, dessen Bewegungen vereinfacht mit einer analogen Systemsteuerung kontrolliert werden könnten, soll hier das Modell eines Menschen erwähnt werden.

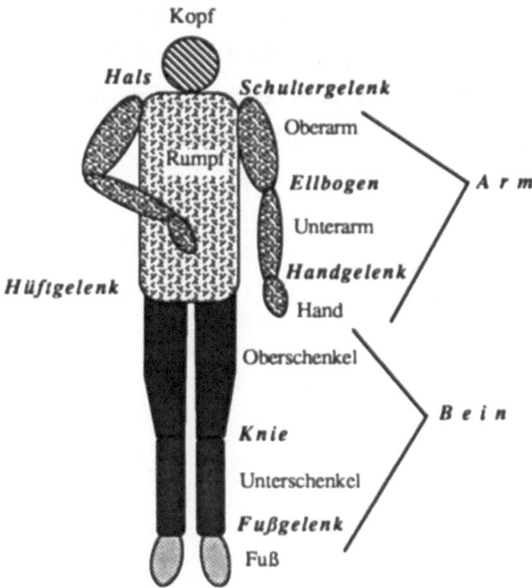

Bild 4.1: Kinematisches Modell eines Menschen

Ein Mensch kann in seinen wichtigsten Bewegungsfunktionen mit ca. 40 bis 50 Freiheitsgraden hinreichend genau modelliert werden. Entsprechend dem Aufbau des menschlichen Körpers und den Bewegungsgewohnheiten wird das Modell in einzelne

Gruppen aufgeteilt, die über ein individuelles Bewegungsspektrum verfügen und bei der Bewegungsprogrammierung separat angesprochen werden. Bild 4.1 zeigt die Aufteilung des menschlichen Modells in Gruppen (Glieder).

Die Gruppen entsprechen den Komponentenklassen in SP^3R; für jede Gruppe steht ein gewisser Vorrat an Bewegungen im Gelenkraum / kartesischen Raum zur Verfügung. Das Modell des ganzen Menschen ist topologisch entsprechend Bild 4.1 aufgebaut. Gelenkbereiche und typische Bewegungsgeschwindigkeiten werden bei den Berechnungen berücksichtigt. Bewegungen des menschlichen Modells können für die einzelnen Gliedgruppen programmiert und simuliert werden. Durch Synchronisationsmechanismen können z.B. Beine und Hüfte auf eine Fertigmeldung der Arme warten - nach der Erledigung einer manuellen Tätigkeit an einem Arbeitstisch bewegt sich der Mensch vom Tisch weg. Koordinationsfunktionen für die Arme sind analog zur Roboterkoordination denkbar usw.. Zu erwähnen ist an dieser Stelle, daß der komplizierte Bewegungsablauf des realen Menschen in dieser Form natürlich nur sehr vereinfacht wiedergegeben wird.

Das Beispiel deutet jedoch skizzenhaft die universelle Einsetzbarkeit der Systemmerkmale von SP^3R an. Vorzugsweise kann natürlich eine Bewegungssteuerung kinematischer Systeme vorgenommen werden; vom Prinzip her sind die entwickelten Steuerungsmechanismen aber für jedes System geeignet, in dem diskret beschreibbare Abläufe in ihrer Parallelität in einer hohen zeitlichen Auflösung simuliert werden sollen.

5 Literaturverzeichnis

/Alb 85/:   Albert,L.; Glaser,M.

Entwurf und Implementierung eines Teach-Prozessors

Studienarbeit, Institut für Informatik III, Universität Karlsruhe, 1985

/Bal 87/:   Balbo,G.; Chiola,G.; Franceschinis,G.; Molinar Roet,G.

Generalized Stochastic Petri Nets for the Performance Evaluation of FMS

Proc. of the IEEE Int.Conf. on Robotics and Automation, March 1987, Raleigh

/Blo 88/:   Blome,J.

Aufbereitung von Planungsdaten für die Verwendung in einem

Robotersimulationssystem und Implementierung einer Beispielaufgabe

Studienarbeit, Institut IPR, Universität Karlsruhe, 1988

/Blu 81/:   Blume,C.; Dillmann,R.

Frei programmierbare Manipulatoren

Vogel Verlag Würzburg, 1981

/Blu 82/:   Blume,C.

Vorlesungsskript: Sprachen und Programmiersysteme für Industrieroboter

Institut für Informatik III, Universität Karlsruhe, 1982

/Blu 83/:   Blume,C.; Jakob,W.

Programmiersprachen für Industrieroboter

Vogel Verlag Würzburg, 1983

/Blu 85/:   Blume,C.

PASRO: Pascal for Robots

Springer, Berlin Heidelberg New York Tokyo, 1985

/Bru 87/:   Bruno,G.; Morisio,M.

Petri-Net Based Simulation of Manufacturing Cells

Proc. of the IEEE Int.Conf. on Robotics and Automation, March 1987, Raleigh

/Cla 82/:   Claybourn,B.H.; Hewit,J.R.

Simulation of Activity Cycles for Robot Served Manufacturing Cells

Proc. 1.Int.Conf. on Flexible Manufacturing Systems, Brighton, October 1982

/Den 55/:   Denavit,J.; Hartenberg,R.

A Kinematic Notation for Lower Pair Mechanisms Based on Matrices

Journal of Applied Mechanics Vol. 22, Trans. ASME Vol. 77, 1955

/Dil 85/:   Dillmann,R.; Huck,M.

Ein Softwaresystem zur Simulation von robotergestützten Fertigungsprozessen

Robotersysteme 1, Springer Verlag, 1985

144

/Dil 86/:   Dillmann,R.; Hornung,B.; Huck,M.
             Interactive Programming of Robots Using Textual Programming and
             Simulation Techniques
             Proc. 16th ISIR, Brüssel, Oktober 1986

/Frei 87/:   Freisleben,B.
             Mechanismen zur Synchronisation paralleler Prozesse
             Informatik Fachberichte 133, Springer Verlag, 1987

/Fro 87/:   Frommherz,B.; Huck,M.
             Vorlesungsskript: Robotik II - Programmieren von Robotern
             Institut für Prozessrechentechnik und Robotik, Universität Karlsruhe, 1987

/Ger 85/:   Gerke,W.
             Die dynamische Programmierung zur Planung kürzester kollisionsfreier Bahnen
             für Industrieroboter
             Robotersysteme, Band 1/Heft 1, Springer, 1985

/Göt 88/:   Göttler,M.
             Erweiterung der Bahnsteuerung von ROSI zum Durchfahren von kritischen
             Bereichen (Singularitätsstellen) im Arbeitsraum eines Roboters
             Diplomarbeit, Institut IPR, Universität Karlsruhe, 1988

/Heiß 85/:   Heiß,H.
             Die explizite Lösung der kinematischen Gleichung für eine Klasse von
             Industrierobotern
             München: TUM-I8504, 1985

/Hör 88/:   Hörmann,A.; Hugel,Th.; Meier,W.
             Ein Ansatz zur Realisierung intelligenter fehlertoleranter Robotersysteme
             Robotersysteme 4, Springer, 1988

/Hor 84/:   Hornung,B.
             Entwurf und Implementierung eines interaktiven 3D-Echtzeit-Roboter-
             Emulationssystems
             Teil B: Dialogentwurf - Bewegungsplanung und -simulation -
                          Koordinatentransformation
             Diplomarbeit, Institut für Informatik III, Universität Karlsruhe, 1984

/Hor 86a/:   Hornung,B.; Huck,M.
             Ein benutzerorientiertes Verfahren zur Erstellung von Roboterbewegungs-
             programmen mit graphischer Visualisierung
             VDI-Bericht 598, Tagung in Langen, Mai 1986

/Hor 86b/: Hornung,B.; Huck,M.

Interaktive Programmierung von Robotern unter Verwendung von CAD/CAM-
Modellen sowie graphischer Simulationstechniken

Interner Bericht zum FSP CAD/CAM, Universität Karlsruhe, Oktober 1986

/Hor 88/: Hornung,B.; Huck,M.; Schneider,S.

Graphische Robotersimulationssysteme als Baustein zu einer integrierten
Produktionsplanung

Interner Bericht zum FSP CAD/CAM, Universität Karlsruhe, Oktober 1988

/Hor 89/: Hornung,B.

Dokumentation zum Programmiermodul des Robotersimulationssystems ROSI

Institut für Prozessrechentechnik und Robotik, Universität Karlsruhe, 1989

/Huck 84/: Huck,M.

Entwurf und Implementierung eines interaktiven 3D-Echtzeit-Roboter-
Emulationssystems

Teil A: Dialogentwurf - Modellierung - Manipulator, Objekte, Umwelt

Diplomarbeit, Institut für Informatik III, Universität Karlsruhe, 1984

/Kiv 68/: Kiviat,P.J.; Villanueva,R.; Markowitz,H.M.

The Simscript II Programming Language

Prentice-Hall, Inc., Englewood Cliffs, New Jersey, 1968

/Kro 87/: Krogh,B.H.; Sreenivas,R.S.

Essentially Decision Free Petri Nets for Real-Time Resource Allocation

Proc. of the IEEE Int.Conf. on Robotics and Automation, March 1987, Raleigh

/Lie 77/: Lieberman,L.I.; Wesley,M.A.

AUTOPASS: An Automatic Programming System for Computer Controlled
Mechanical Assembly

IBM Journal of Res. and Dev., Vol. 21, Number 4, July 1977

/Loz 81/: Lozano-Perez,T.

Automatic Planning of Manipulator Transfer Motions

IEEE Transactions on Systems, Man, and Cybernetics 10, 1981

/Lum 84/: Lumelsky,V.J.

Iterative Coordinate Transformation Procedure for One Class of Robots

IEEE Trans. on Systems, Man, and Cybernetics, Vol. SMC-14, No.3,
May/June 1984

/Mit 89/: Mittenbühler,K.H.; Raczkowsky,J.

Simulation of Cameras in Robot Applications

IEEE Computer Graphics and Applications, January 1989

/Muj 79/:   Mujtaba,S.; Goldman,R.
             AL User´s Manual
             Stanford University, 1979

/Paul 81/:   Paul,R.
             Robot Manipulators
             Cambridge, The MIT Press, 1981

/Pie 69/:   Pieper,D.L.
             The Kinematics of Manipulators under Computer Control
             Ph.D. Thesis, Stanford University, 1969

/Roth 87/:   Roth,H.
             Übertragung von Programmierkommandos des Robotersimulationssystems
             ROSI in VAL-Programmbefehle einer Puma260-Robotersteuerung
             Studienarbeit, Institut für Informatik III, Universität Karlsruhe, 1987

/Scha 89/:   Schatz,G.
             Implementierung eines 2-D Kollisionstests für multifunktionale Roboterarbeits-
             zellen
             Diplomarbeit, Institut IPR, Universität Karlsruhe, 1989

/Schö 74/:   Schöne,A.
             Simulation technischer Systeme
             Carl Hanser Verlag München Wien 1974

/Shi 84/:   Shimano,B.E.; Geschke,C.C.; Spalding,C.H.
             VAL-II: A New Robot Control System for Automatic Manufacturing
             Proc. of the Int. Conf. on Robotics, March 1984

/Tam 81/:   Tamer,W.R.
             Industrial Robots, Volume 1/Fundamentals
             Society of Manufacturing Engineers, 1981

/Tau 88/:   Tauber,A.; Schuster,G.
             Bindeglied zwischen Gestern und Morgen
             Robotersimulation - eine CIM-Komponente
             CAE-Journal 4/88

/Tec 87/:   ROBCAD - A Technical Description
             Fa. Tecnomatix, 1987

/Wol 83/:   Wolter,H.
             Höhere Programmiersprachen für Industrieroboter
             Kernforschungszentrum Karlsruhe, Projektträgerschaft Fertigungstechnik, 1983

Fachberichte Simulation

Herausgeber: B. Schmidt, D. Möller

Band 1

B. Schmidt

Systemanalyse und Modellbildung

Grundlagen der Simulationstechnik

1985. VIII, 248 S. 93 Abb. Brosch. DM 74,– ISBN 3-540-13784-X

Band 2

B. Schmidt

Der Simulator GPSS-FORTRAN Version 3

1984. VIII, 336 S. 48 Abb. Brosch. DM 84,– ISBN 3-540-13782-3

Band 3

B. Schmidt

Modellbildung mit GPSS-FORTRAN Version 3

1984. IX, 307 S. Brosch. DM 78,–. ISBN 3-540-13783-1

Band 4

H. Bossel, W. Metzler, H. Schäfer (Hrsg.)

Dynamik des Waldsterbens

Mathematisches Modell und Computersimulation

1985. VII, 265 S. 94 Abb. Brosch. DM 68,– ISBN 3-540-15475-2

Band 5

E.-H. Horneber

Simulation elektrischer Schaltungen auf dem Rechner

1985. XII, 401 S. Brosch. DM 98,– ISBN 3-540-15735-2

Band 6

J. Biethahn, B. Schmidt (Hrsg.)

Simulation als betriebliche Entscheidungshilfe

Methoden, Werkzeuge, Anwendungen

1987. XI, 282 S. 82 Abb. Brosch. DM 78,– ISBN 3-540-17353-6

Band 8

B. Page, R. Bölckow, A. Heymann, R. Kadler, H. Liebert

Simulation und moderne Programmiersprachen

Modula-2, C, Ada

1988. XI, 275 S. 26 Abb. Brosch. DM 68,– ISBN 3-540-18982-3

Band 9

A. Laschet

Simulation von Antriebssystemen

Modellbildung der Schwingungssysteme und Beispiele aus der Antriebstechnik

1988. XIX, 440 S. 268 Abb. Brosch. DM 78,– ISBN 3-540-19464-9

Band 10

K. Feldmann, B. Schmidt (Hrsg.)

Simulation in der Fertigungstechnik

Unter Mitarbeit von R. Rimane

1988. IX, 450 S. 197 Abb. Brosch. DM 74,– ISBN 3-540-50250-5

Band 11

H.B. Keller

Echtzeitsimulation zur Prozeßführung komplexer Systeme

Entwurf und Realisierung eines Systems zur interaktiven graphischen Modellierung und zur modularen/verteilten Echtzeitsimulation verkoppelter dynamischer Systeme

1988. XIV, 286 S. 112 Abb. Brosch. DM 68,– ISBN 3-540-50256-4

Band 12

K.H. Fasol, K. Diekmann, (Hrsg.)

Simulation in der Regelungstechnik

1990. Etwa 510 S. Brosch. DM 88,–
ISBN 3-540-52942-X